12
1968

Faserforschung und Textiltechnik

WISSENSCHAFTLICH-TECHNISCHE ZEITSCHRIFT FÜR DIE CHEMIEFASER- UND TEXTILINDUSTRIE

BEGRUNDET VON
ERICH CORRENS UND WALTER FRENZEL

HERAUSGEGEBEN VON ERICH CORRENS – WOLFGANG BOBETH – HANS BÖHRINGER – HERMANN KLARE – BURKART PHILIPP – CHRISTIAN RUSCHER

SCHRIFTLEITER J. BRÄMER UND I. RUSCHER

AUS DEM INHALT

AKADEMIE-VERLAG BERLIN

Faserforsch. u. Textiltechnik • 19. Jahrg. • Heft 12 • Seiten 545–602 • Berlin im Dezember 1968

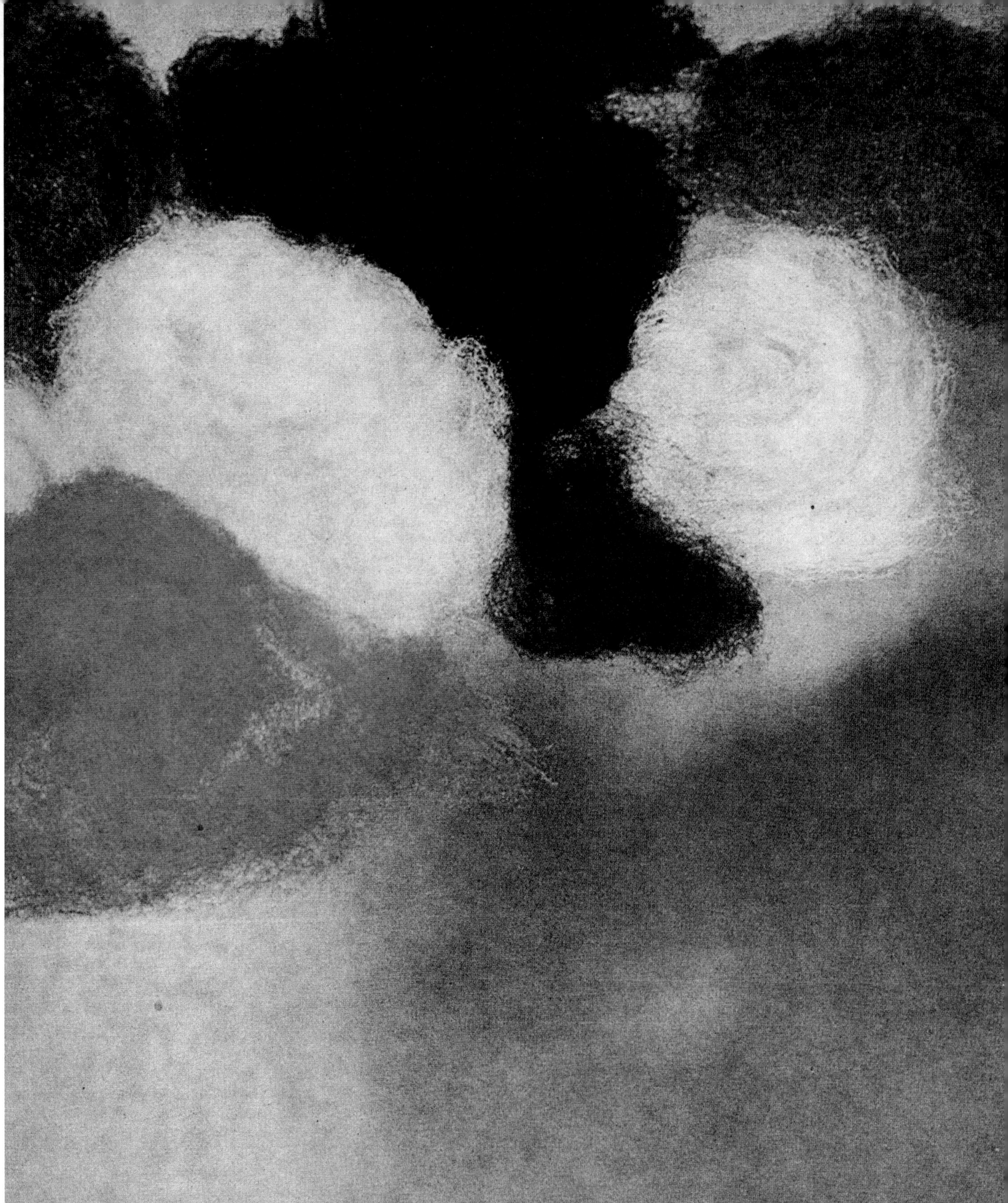

DK 677.463.021.5:677.463.021.525/.526:677.46.061.39

Rehder, Wilhelm, und *Grothkopf, Peter*

Einflußgrößen der Querschnittsbildung und Faserqualität beim Erspinnen von Viskosefasern aus ammoniumsulfathaltigen Spinnbädern

I. Einflußgrößen der Querschnittsbildung

Faserforsch. u. Textiltechnik *19* (1968) 12, S. 545–553. 9 Abb., 11 Lit.

Durch Variation der Spinnbadzusammensetzung wurde festgestellt, daß die Bildung eines runden, ungelappten Querschnitts relativ unabhängig vom $(NH_4)_2SO_4$-Gehalt verläuft und bei H_2SO_4-Gehalten > 2 n durch einen Na_2SO_4-Gehalt von maximal 3 n begrenzt wird. In Gegenwart von $ZnSO_4$ und ohne Modifikatoreinsatz wird nur bei Säuregehalten < 40 g/l ein ungelappter Querschnitt erhalten. Durch niedrigen Hemicellulosegehalt in der Viskose wird die Ausbildung des ungelappten Querschnitts begünstigt. Durch mechanische Beeinflussung auf der Spinnmaschine kann der runde Querschnitt erheblich deformiert werden.

DK 677.463.021.5(086.5):677.463.021.525/.526
677.46.061.39:537.533.35.08

Gröbe, Anneliese, Maron, Reinhard, und *Rose, Klaus Peter*

Elektronenmikroskopische Untersuchungen an Oberflächen von Celluloseregeneratfäden

Teil V. Zusammenfassende Diskussion der Ergebnisse

Faserforsch. u. Textiltechnik *19* (1968) 12, S. 553–558. 5 Abb., 1 Tab., 12 Lit.

Die experimentellen Ergebnisse der vorangegangenen Mitteilungen werden an einer Pilotanlage überprüft und im Zusammenhang diskutiert. Es werden Vorstellungen zur Entstehung der Deckschicht entwickelt und Überlegungen über den Zusammenhang zwischen der Deckschichtbildung und der Modifikatorwirkung angestellt.

DK 678.745.32:541.24:536.413
535.36.08:532.71.08

Fritzsche, Peter

Zum Problem der Beziehungen zwischen Grenzviskositätszahl und relativer Molekülmasse von Polyacrylnitril

Faserforsch. u. Textiltechnik *19* (1968) 12, S. 559–563. 3 Abb., 4 Tab., 17 Lit.

Es wurde untersucht, inwieweit sich die Abweichungen der bisher veröffentlichten $[\eta]$-M-Beziehungen für Polyacrylnitril quantitativ auf die Verteilung der rel. Molekülmassen der Polymerproben zurückführen lassen. Mit Hilfe von früher berechneten Korrekturfaktoren ergab sich aus den verschiedenen osmotisch und durch Lichtstreuung gemessenen Literaturwerten nach *Stockmayer* und *Fixman* übereinstimmend ein ungestörter Fadenendenabstand für Polyacrylnitril in Dimethylformamid bei 25 °C zu $(\bar{r}_6^2)^{1/2} = 1{,}00 \cdot 10^{-8} M^{1/2}$ cm. Die früher abgeleiteten Korrekturfaktoren q_λ, die den Einfluß der rel. Molekülmasse auf den Expansionskoeffizienten berücksichtigen, verbessern die Übereinstimmung der Neigungen der $[\eta]$-M-Beziehungen im *Stockmayer/Fixman*-Diagramm.

DK 677.4–042.2:677.024.15:535.827.2.08

Landgraf, Runhild

Mikroskopischer Nachweis der Schlichteverteilung in Chemieseiden

Faserforsch. u. Textiltechnik *19* (1968) 12, S. 564–567. 10 Abb., 5 Lit.

Es wird beschrieben, wie an fabrikationsgeschlichteten Chemieseiden nachträglich der Schlichteeffekt mikroskopisch nachgewiesen werden kann. Die Schlichte verbindet die Elementarfäden miteinander in Form von Stegen. Ein den Faden umhüllender Film konnte nicht festgestellt werden.

DK 677.4–042.2:677.4.061.382:620.172.2:535.12.08

Geitel, Karlheinz

Bestimmung periodischer Masseschwankungen in Chemieseiden

Teil II. Bestimmung der Wellenlänge periodischer Schwingungen

Faserforsch. u. Textiltechnik *19* (1968) 12, S. 567–574. 23 Abb., 4 Tab.

DK 677–042.2:539.412.1:620.163

Trommer, Günter

Das Kraft-Dehnungs-Verhalten von Kernwindefäden

Faserforsch. u. Textiltechnik *19* (1968) 12, S. 575–581. 14 Abb., 3 Tab., 4 Lit.

(Schluß von Heft 11, S. 518–526.)

Kurze Mitteilungen

DK 677.494.675'126:539.412.1:620.172.2

Kaufmann, Siegfried, und *Dittmann, Heinz*

Beitrag zur Dehnungsermittlung bei unverstreckten Polyamidseiden

Faserforsch. u. Textiltechnik *19* (1968) 12, S. 582. 3 Lit.

DK 389.6:620.172:168.2

Winkler, Friedrich

Standardisierte Begriffe der Textilprüfung und verwandter Gebiete

1. Statische Zugprüfung, Beiblatt R (Teil 2)

Faserforsch. u. Textiltechnik *19* (1968) 12, S. 583–590.

DK 061.3.055.1(45) "1968":677.1/.5:677.061.1

Barthel, R.

Moderne Garn-Herstellung

53. Konferenz des Textile Institute in Stresa 1968

Faserforsch. u. Textiltechnik *19* (1968) 12, S. 590–594.

DK 061.3.055.1(73) "1968":547.458.82:661.728.62

Philipp, B.

II. TAPPI Chemiezellstoffkonferenz 1968

Faserforsch. u. Textiltechnik *19* (1968) 12, S. 594–596.

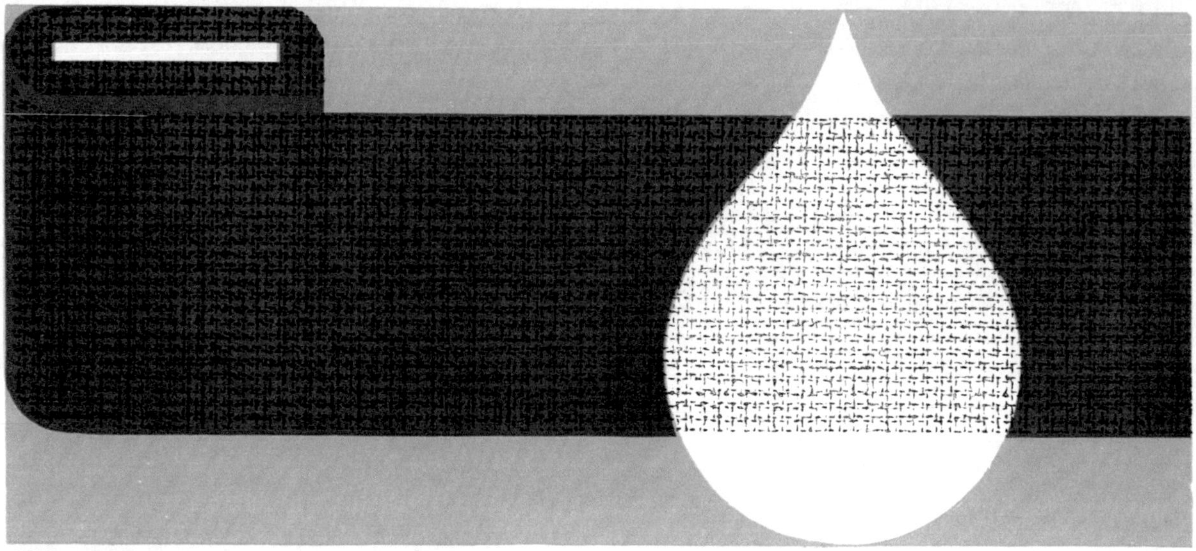

Die Zeitschrift „Faserforschung und Textiltechnik“ erscheint monatlich in Heften zu 48 Textseiten im Format A 4. Der Preis für das Einzelheft beträgt M 15,– (Sonderpreis für DDR M 9,–), für den Vierteljahrbezug M 45,– (Sonderpreis für DDR M 27,–), zuzügl. Bestellgeld. Die Berechnung erfolgt zu Beginn eines Vierteljahrs für 3 Hefte. Bestellungen aus dem Gebiet der Deutschen Demokratischen Republik an ein Postamt, eine Buchhandlung oder den Verlag, aus der Deutschen Bundesrepublik an eine Buchhandlung oder die Auslieferungsstelle Kunst und Wissen, Erich Bieber, 7 Stuttgart 1, Wilhelmstraße 4–6, aus dem Ausland an eine Importbuchhandlung, den Deutschen Buch-Export und -Import GmbH., 701 Leipzig, Postschließfach 276, oder den Akademie-Verlag GmbH., 108 Berlin, Leipziger Str. 3–4 (Fernruf: 220441; Telex-Nr. 0112020; Postscheckkonto 35021) erbeten. Bestellnummer dieses Heftes: 1014/19/12. Alleinige Anzeigenannahme DEWAG-WERBUNG, 102 Berlin, Rosenthaler Str. 28/31, und alle DEWAG-Betriebe in den Bezirksstädten der DDR. – Bestellungen in der UdSSR nehmen entgegen: Städtische Abteilungen von „SOJUZPECHATJ“ bzw. Postämter und Postkontore.

Herausgeber und verantwortlich für den Inhalt: Prof. Dr. Erich Correns, Institut für Faserstoff-Forschung der Deutschen Akademie der Wissenschaften zu Berlin, 153 Teltow-Seehof, Fernruf: Teltow 4831; Prof. Dr.-Ing. habil. Wolfgang Bobeth, Institut für Technologie der Fasern der Deutschen Akademie der Wissenschaften zu Berlin, 801 Dresden, Hohe Str. 6, Fernruf: 44721; Prof. Dr.-Ing. Hans Böhringer, Institut für Textiltechnologie der Chemiefasern Rudolstadt, Fernruf: Rudolstadt 2031; Prof. Dr. Hermann Klare, Prof. Dr. habil. Burkart Philipp und Dr. Christian Ruscher, Institut für Faserstoff-Forschung der Deutschen Akademie der Wissenschaften zu Berlin, 153 Teltow-Seehof, Fernruf: Teltow 4831. Schriftleiter: Joachim Brämer und Dipl.-Chem. Ingeborg Ruscher, 153 Teltow-Seehof, Kantstr. 55. Verlag: Akademie-Verlag GmbH., 108 Berlin, Leipziger Str. 3–4. Satz und Druck: Druckhaus „Maxim Gorki“, 74 Altenburg. – Veröffentlicht unter der Lizenznummer 1280 des Presseamtes beim Vorsitzenden des Ministerrates der Deutschen Demokratischen Republik.

Faserforschung und Textiltechnik

WISSENSCHAFTLICH-TECHNISCHE ZEITSCHRIFT FÜR DIE CHEMIEFASER- UND TEXTILINDUSTRIE

Band 19 Dezember 1968 Heft 12

Einflußgrößen der Querschnittsbildung und Faserqualität beim Erspinnen von Viskosefasern aus ammoniumsulfathaltigen Spinnbädern

I. Einflußgrößen der Querschnittsbildung

Wilhelm Rehder und Peter Grothkopf

VEB Zellstoff- und Zellwollewerke Wittenberge, Abteilung Forschung und Entwicklung

DK 677.463.021.5:677.463.021.525/.526:677.46.061.39

Durch Variation der Spinnbadzusammensetzung wurde festgestellt, daß die Bildung eines runden, ungelappten Querschnitts relativ unabhängig vom $(NH_4)_2SO_4$-Gehalt verläuft und bei H_2SO_4-Gehalten > 2 n durch einen Na_2SO_4-Gehalt von maximal 3 n begrenzt wird. In Gegenwart von $ZnSO_4$ und ohne Modifikatoreinsatz wird nur bei Säuregehalten < 40 g/l ein ungelappter Querschnitt erhalten. Durch niedrigen Hemicellulosegehalt in der Viskose wird die Ausbildung des ungelappten Querschnitts begünstigt. Durch mechanische Beeinflussung auf der Spinnmaschine kann der runde Querschnitt erheblich deformiert werden.

Факторы, оказывающие влияние на форму поперечного сечения и качество вискозного волокна при его формовании в прядильную ванну с сульфатом аммония

I. Факторы, влияющие на форму поперечного сечения волокна

Путем вариации состава прядильной ванны установлено, что образование круглой, не бахромчатой формы поперечного сечения относительно независимо от содержания сульфата аммония. При концентрации серной кислоты выше 2 н. образование этой формы ограничивается концентрацией сульфата аммония, равной 3 н. В присутствии сульфата цинка и отсутствии модификатора круглая форма поперечного сечения получается лишь при содержании кислоты ниже 40 г/л. Низкое содержание гемицеллюлоз в вискозе способствует образованию круглой формы. Последняя может значительно деформироваться в результате механических воздействий на прядильной машине.

Factors Affecting the Cross Sectional Shape and Performance of Fibres in Spinning Rayon in Coagulation Bathes Containing Ammonium Sulfate

By changing the composition of the coagulation bath the formation of circular unlobed cross sections was found to be relatively unaffected by $(NH_4)_2SO_4$ up to a maximum $(NH_4)_2SO_4$ content of 3 N, the H_2SO_4 content being > 2 N. Without modifiers added to the bath the presence of $ZnSO_4$ resulted in unlobed cross sections only with acid contents of < 40 g/l. Low hemicellulose content of the viscose favoured the formation of unlobed cross sections. However, circular cross sections may considerably be deteriorated by mechanical effects exerted in the spinning device.

1. *Einführung*

Obwohl für die Teppichherstellung die Synthesefasern mehr und mehr Verwendung finden, hat auch die Celluloseregeneratfaser hierfür nach wie vor Bedeutung. Damit sie diesem Verwendungszweck jedoch genügen konnte, mußten ihre Eigenschaften speziell diesem Verwendungszweck angepaßt werden. Eine wesentliche Forderung in dieser Richtung war die Erniedrigung der Anschmutzbarkeit bzw. die Verringerung der Haftmöglichkeit des Schmutzes an der Faser, so daß die Reinigung sich erleichterte. Aus diesem Grunde gewann der ungelappte Querschnitt der Teppichfaser als Qualitätskriterium Bedeutung, und es wurden und werden Teppichfasern mit möglichst ungelapptem Querschnitt nach verschiedenen Verfahrensvarianten hergestellt. Die nähere Untersuchung der Varianten, die ohne Modifikatorzusatz arbeiten, ist Gegenstand dieser Arbeit.

2. *Bekannte Einflußgrößen*

Allgemein gilt für die Ausbildung eines runden Fadenquerschnitts: Das Düsenloch, aus dem der Faden gesponnen wird, muß rund sein. Die Koagulation muß genügend schnell erfolgen, so daß das entstehende, hochgequollene Gel genügend fixiert ist und deshalb durch die Entquellung in seiner Form nicht mehr verändert wird [1, 2].

Parameter, die also die Sol/Gel-Umwandlung beschleunigen, führen zu runden Querschnitten. Die Form der Querschnitte ist schon kurz nach der Düse fixiert und wird weitgehend durch die Zusammensetzung des Fällbades und dessen Temperatur [2], weniger durch die Viskosecharakteristiken und fast nicht durch mechanische Spinnbedingungen [3], wie z. B. Verstreckung und Abzugsgeschwindigkeit, bestimmt. Für die Spinnbadtemperatur gilt, daß sie für das Erreichen eines ungelappten Querschnitts um so höher gewählt werden muß, je höher die Reife der Viskose ist [2]. Die Wirkung der Spinnbadkomponenten in Richtung eines runden, ungelappten Querschnitts nimmt in folgender Reihe [4, 5] ab:

$$(NH_4)_2SO_4 > Na_2SO_4 > MgSO_4 > FeSO_4 > ZnSO_4.$$

In jüngeren Arbeiten haben *Gröbe*, *Maron* und *Klare* [6] das Verhältnis von H_2SO_4 zu Na_2SO_4 bei Abwesenheit von $(NH_4)_2SO_4$ in seiner Wirkung auf den Querschnitt erneut untersucht und kommen zu folgendem Ergebnis: Ein runder, ungelappter Querschnitt resultiert dann, wenn sich aus den Komponenten H_2SO_4 und Na_2SO_4 nicht mehr als annähernd 2 n $NaHSO_4$ bilden können. Bezogen auf die einzelnen Komponenten besagt dies: Bei H_2SO_4-Konzentrationen unter 2 n kann der Na_2SO_4-Gehalt beliebig hoch sein, allerdings mit der Einschränkung, daß bei Säurekonzentrationen zwischen 1 und ca. 2 n der Na_2SO_4-Gehalt nicht größer als 4 n sein darf.

Bei H_2SO_4-Konzentrationen über 2 n muß die Na_2SO_4-Konzentration unter 2 n liegen. Schematisch ergibt sich vereinfacht also folgendes Bild:

H_2SO_4	Na_2SO_4
< 2 n	beliebig
> 2 n	< 2 n

Dieses Ergebnis stellt eine Erweiterung früherer Erkenntnisse dar, die besagen, daß ein runder, ungelappter Querschnitt dann resultiert, wenn im Spinnbad H_2SO_4 und $NaHSO_4$ vorliegen — beim Vorhandensein der Komponenten $NaHSO_4$ und Na_2SO_4 jedoch ein gelappter [6 bis 9]. Auch über die Wirkung des $ZnSO_4$ auf die Querschnittsbildung liegen viele Angaben vor [6, 9, 10]. Sie stimmen darin überein, daß schon geringe Mengen $ZnSO_4$ im Spinnbad zu einem gelappten Querschnitt führen, wenn unmodifizierte Viskosen gesponnen werden. Beim Spinnen modifizierter Viskosen wird bekanntlich auch bei stark $ZnSO_4$-haltigen Bädern ein annähernd runder Querschnitt erhalten, da in diesem Fall der Aufbau der Kutikula den Angriff der Spinnbadbestandteile auf den Kapillarfaden und somit deren schrumpfende Wirkung verhindert [6]. Die Bedingungen für das Erspinnen eines ungelappten Querschnitts aus Bädern, die nur H_2SO_4 und Na_2SO_4 enthalten, sind auf Grund dieser Angaben recht eindeutig. Auch für das Erspinnen modifizierter Viskosen kann dies angenommen werden.

Obwohl nun in der Praxis $(NH_4)_2SO_4$-haltige Spinnbäder für das Erspinnen von Fasern mit ungelapptem Querschnitt großtechnische Anwendung gefunden haben, sind in der uns zugänglichen Literatur die Einflußgrößen der Querschnittsbildung bei diesen Bädern nicht eindeutig beschrieben, und in der Praxis existieren unterschiedliche Ansichten. Es wird lediglich darauf hingewiesen, daß $(NH_4)_2SO_4$ die Bildung eines ungelappten Querschnitts begünstigt [9]. An anderer Stelle wird erwähnt, daß die bei Abwesenheit von Modifikatoren einen gelappten Querschnitt bedingende Wirkung des $ZnSO_4$ durch $(NH_4)_2SO_4$ zurückgedrängt werden kann [10].

Ziel unserer Arbeiten war es deshalb, zu untersuchen, inwieweit die von *Gröbe, Maron* und *Klare* erkannten Zusammenhänge zwischen Säure und Salzgehalt auch für $(NH_4)_2SO_4$-haltige Bäder gelten. Weiterhin sollte der Einfluß des Zinksulfats bei verschiedenen Säurekonzentrationen eingehend ermittelt werden, und schließlich ging es uns darum, aus den für die Querschnittsbildung gewonnenen Erkenntnissen die Spinnbedingungen abzuleiten, die bei Einsatz von unmodifizierter Viskose zu den besten Faserfestigkeiten führen.

3. *Bemerkungen zur Versuchsausführung*

Für unsere Arbeiten stand Viskose zur Verfügung, die nach dem sogenannten Direktviskoseverfahren hergestellt wurde. Dieses Verfahren kann wie folgt charakterisiert werden:

Der Zellstoff wird schon während der Herstellung in Kochung und Bleiche auf einen DP von ca. 360 abgebaut, und die übliche Alkalisierung und Vorreife entfällt. Der zerfaserte, feuchte Zellstoff wird in einem Gang durch gleichzeitigen Zusatz von NaOH und CS_2 xanthogeniert und mit Wasser zu Viskose gelöst.

Es ist selbstverständlich, daß diese Viskose weit mehr niederpolymere Cellulosebestandteile und Cellulosebegleitsubstanzen enthält als die üblich hergestellte. Wir konnten auch zeigen, daß diese Bestandteile fast vollständig in die Faser eingebaut werden [11]. Wie später beschrieben, werden hierdurch auch die Koagulationsbedingungen beeinflußt, und deshalb erschien es uns sinnvoll, zunächst zu ermitteln, ob die Ergebnisse von *Gröbe, Maron* und *Klare* auch für diese Viskose Gültigkeit haben.

Die Viskosen hatten im Durchschnitt folgende Zusammensetzung:

Cellulosegehalt	=	8%,
AV	=	0,76,
CS_2/Cellulose	=	30%,
Reife	=	8 bis 10 °Ho,
Viskosität	=	40 s.

Das Spinnen erfolgte auf einer dreistelligen Versuchsspinnmaschine, wovon wir jedoch nur eine Spinnstelle benutzten. Ersponnen wurde ein Titer von 7 den aus einer 2000-Loch/80 µm-Düse. Die Verstreckung betrug konstant 40% und der Abzug 33 m/min, falls nicht anders vermerkt. Die Faser wurde wie üblich nachbehandelt.

4. *Versuchsergebnisse und deren Auswertung*

4.1. *Einfluß der Spinnbadkomponenten auf die Querschnittsbildung*

Bei Bädern, die lediglich H_2SO_4 und Na_2SO_4 enthielten, ergaben sich durch Variation des Na_2SO_4-Gehalts bei 2,25 n H_2SO_4 (110 g/l) die aus Bild 1 ersichtlichen Querschnitte. Demnach tritt bei Steigerung des Na_2SO_4-Gehalts auf 3 n (213 g/l) eine Lappung des Querschnitts ein.

Bei Verringerung der Säurekonzentration auf 1,35 n (65 g/l) beobachteten wir, daß die Querschnitte auch bei hohen Salzkonzentrationen (bis 5 n = 355 g/l)

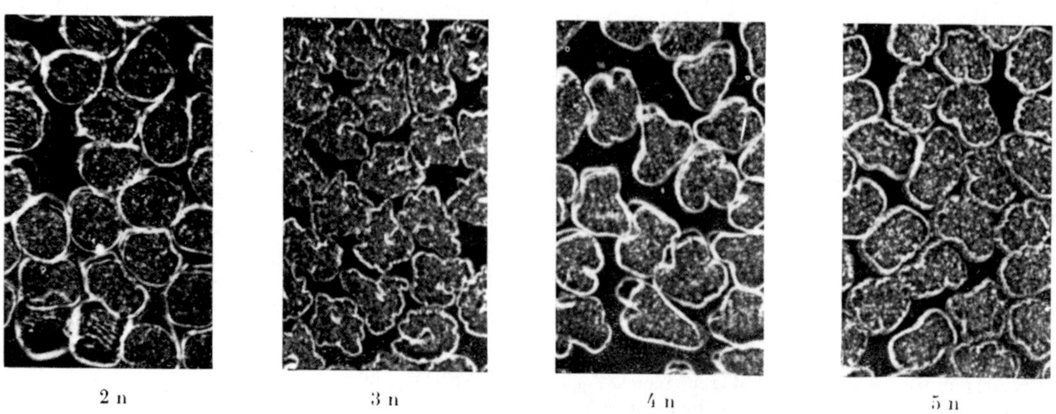

2 n — 3 n — 4 n — 5 n

$[Na_2SO_4]$

Bild 1. Einfluß der Na_2SO_4-Konzentration im Spinnbad auf die Querschnittsform bei 2,25 n H_2SO_4

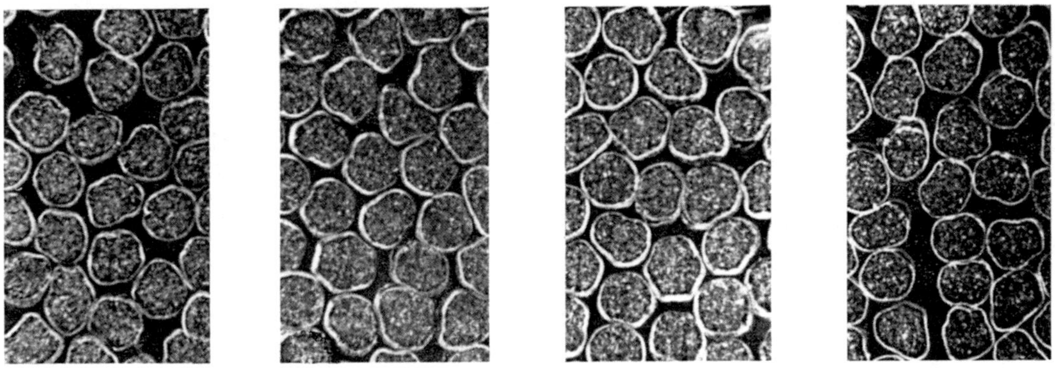

2 n 3 n 4 n 5 n

$[(NH_4)_2SO_4]$

Bild 2. Einfluß der $(NH_4)_2SO_4$-Konzentration im Spinnbad auf die Querschnittsform bei 2,25 n H_2SO_4

rund bleiben. Bei einer Säurekonzentration von 0,6 n (30 g/l) trat eine zur Fadenbildung ausreichende Koagulation unter unseren Bedingungen erst bei einer Na_2SO_4-Konzentration von 5 n (355g/l) ein. Der Querschnitt war dann ebenfalls rund.

Aus diesen Ergebnissen folgt, daß bei H_2SO_4- und Na_2SO_4-haltigen Bädern eine Lappung des Querschnitts dann auftritt, wenn eine bestimmte Konzentration an $NaHSO_4$ überschritten wird. Dieses Ergebnis deckt sich im Prinzip mit den Angaben von *Gröbe*, *Maron* und *Klare* (6). Viskosen, die nach dem Direktviskoseverfahren hergestellt werden, verhalten sich also zumindest ähnlich den von den genannten Autoren verwendeten.

Für die folgenden Untersuchungen mit $(NH_4)_2SO_4$-haltigen Bädern wählten wir zunächst eine Säurekonzentration des Spinnbades von 110 g/l, also etwas mehr als 2 n. Bei Steigerung der Salzkonzentration erhält man bei dieser Säurekonzentration Bäder, die zunächst weniger und schließlich mehr als 2 n HSO_4^- enthalten. Der Einfluß des NH_4^+-Kations muß deshalb auf Grund der in Bild 1 aufgezeigten Ergebnisse bei Hydrogensulfatkonzentrationen über 2 n eindeutig erkennbar sein: Im Falle einer Querschnittslappung wirkt $(NH_4)_2SO_4$ ähnlich dem Natriumsulfat, im Falle eines runden, ungelappten Querschnittes müssen für $(NH_4)_2SO_4$-haltige Bäder andere Beziehungen gelten.

Die Konzentration des $(NH_4)_2SO_4$ wurde von 0 bis 5 n (0 bis 330 g/l) variiert. Bei 1 n $(NH_4)_2SO_4$ war ein Spinnen auf Grund der unzureichenden Koagulation nicht möglich. Bei allen höheren Konzentrationen waren die Querschnitte rund, wie aus Bild 2 hervorgeht.

Wenn man von geringen Mengen Natriumsulfat absieht, die sich beim Spinnen durch Neutralisation bilden, folgert hieraus, daß H_2SO_4- und $(NH_4)_2SO_4$-haltige Bäder Fasern mit runden Querschnitten ergeben, auch wenn die $(NH_4)_2SO_4$-Konzentration sehr hoch liegt. $(NH_4)_2SO_4$ wirkt also grundsätzlich anders als Na_2SO_4 auf die Querschnittsbildung.

Bäder mit dieser Zusammensetzung haben jedoch keine praktische Bedeutung, da sich beim kontinuierlichen Spinnen das Na_2SO_4 anreichert. In unseren nächsten Versuchen beschäftigten wir uns deshalb mit Bädern, die sowohl Na_2SO_4 als auch $(NH_4)_2SO_4$ enthielten.

Auf Grund der in den Bildern 1 und 2 gezeigten unterschiedlichen Einflüsse der beiden Salze erscheint es möglich, daß $(NH_4)_2SO_4$ die querschnittsbeeinträchtigende Wirkung des Na_2SO_4 zurückdrängt. Die Vielzahl der Kombinationen im Bild 3 schließen diese Annahme jedoch aus. Vielmehr ist es so, daß Na_2SO_4 bei Gehalten ab 3,0 n eine Querschnittslappung hervorruft. Dies gilt unabhängig vom $(NH_4)_2SO_4$-Gehalt des Spinnbades.

Inwiefern diese Feststellung vom Säuregehalt abhängig ist, zeigt Bild 4. Der Säuregehalt wurde hier in Abhängigkeit von der $(NH_4)_2SO_4$-Konzentration bei verschiedenen Na_2SO_4-Gehalten aufgetragen. Die Vielzahl der Untersuchungen, von denen hier nur ein Teil demonstriert werden kann, gestattet folgende Aussage: Ein Einfluß der Säurekonzentration ist lediglich bei Natriumsulfatgehalten $\geqq 3$ n ersichtlich, denn sowie der H_2SO_4-Gehalt über 2 n ansteigt, setzt bei 3 n Natriumsulfat die Lappung ein. Diese Feststellung gilt unabhängig vom $(NH_4)_2SO_4$-Gehalt.

Mit diesen Erkenntnissen ist die Frage nach dem Sinn und Zweck des $(NH_4)_2SO_4$-Zusatzes bei der Erzeugung von Fasern mit ungelapptem Querschnitt nicht befriedigend beantwortet, und deshalb muß hier auf eine zwar bekannte, jedoch bedeutungsvolle Wirkung des $(NH_4)_2SO_4$ hingewiesen werden.

Es ist wiederholt beschrieben worden, daß $(NH_4)_2SO_4$ stärker koagulierend wirkt als Natriumsulfat und fast alle anderen Spinnbadkomponenten. Da nun, wie vorher festgestellt, die Höhe des Natriumsulfats für einen ungelappten Querschnitt bei Säuregehalten > 2 n begrenzt ist, kann der Spinnprozeß durch diese Salzkomponente allein nicht ausreichend gesteuert werden. Um nun dennoch einwandfreie Spinnbedingungen zu gewährleisten, muß die Gesamtsalzkonzentration erhöht werden, und dies kann nur durch eine Komponente erfolgen, die den runden Querschnitt nicht beeinträchtigt. Eine solche ist das $(NH_4)_2SO_4$.

Unter den von uns angewandten Bedingungen stellten wir fest, daß bei niedrigen Säuregehalten die koagulierende Wirkung des Na_2SO_4 allein für einen einwandfreien Spinnablauf nicht ausreichend ist. Bei z. B. 30 g/l Säure setzt eine Fadenbildung erst bei 4 bis 5 n Na_2SO_4 ein. Diese Na_2SO_4-Menge kann jedoch durch geringe

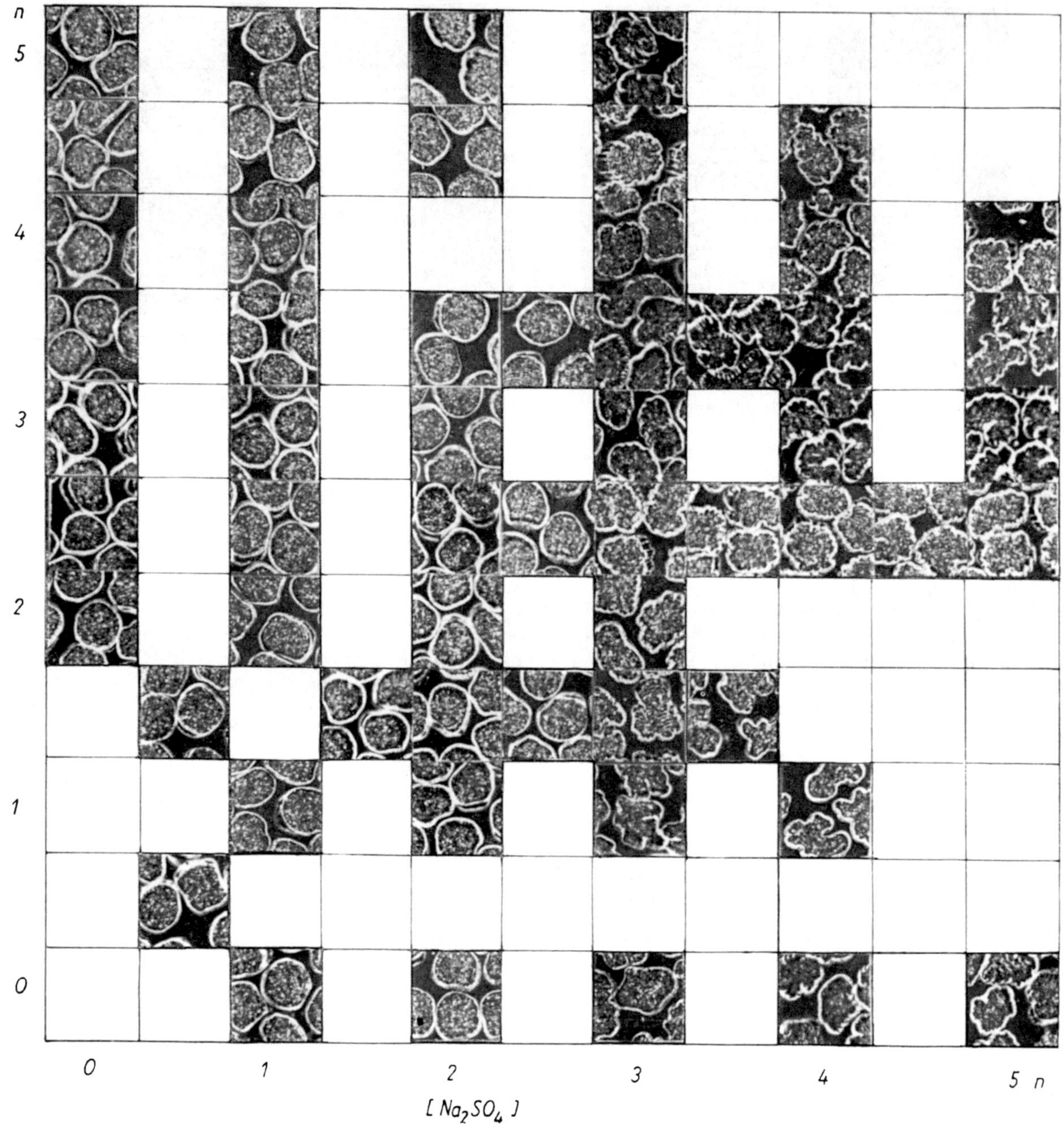

Bild 3. Querschnittsbilder bei verschiedenen Na_2SO_4- und $(NH_4)_2SO_4$-Konzentrationen und 2,25 n H_2SO_4 im Spinnbad

$(NH_4)_2SO_4$-Zusätze beträchtlich gesenkt werden. Bei einer Na_2SO_4-Konzentration von z. B. 2,5 n ist bei Säuregehalten von 50 bis 100 g/l für eine ausreichende Spinnsauberkeit ein $(NH_4)_2SO_4$-Gehalt von 1,0 bis 1,5 n mindestens erforderlich. Durch sehr hohen Salzgehalt wird selbstverständlich die Zersetzung des Gelfadens weitgehend zurückgedrängt, und es ist deshalb dann praktisch nicht möglich, die Säurekonzentration unter 2 n abzusenken, wenn kein zweites Bad für die Zersetzung nachgeschaltet wird. Aus diesem Grunde mußte im Bild 4 bei Gesamtsalzgehalten $\geqq$ 5 n auf die Querschnittsbilder im niedrigen Säurebereich verzichtet werden.

Enthält das Spinnbad zusätzlich $ZnSO_4$, so sind die Querschnitte auch in Gegenwart von $(NH_4)_2SO_4$ überwiegend gelappt. Ein Zurückdrängen des $ZnSO_4$-Einflusses durch $(NH_4)_2SO_4$, wie es von *Jäger* [10] beschrieben wurde, konnten wir nicht erkennen. Der prägnante Einfluß des $ZnSO_4$ in bereits geringen Konzentrationen auf die Querschnittsbildung ist wiederholt herausgestellt worden. Nach *Jäger* [9] bedingt 1 g/l $ZnSO_4$ bereits eine Zähnelung des Querschnitts, und 20 g/l führen zu einer tiefen Lappung.

Uns interessierte nun vor allem, ob das $ZnSO_4$ bei allen Säurekonzentrationen gleichermaßen wirkt. Die uns bekannten Veröffentlichungen gehen hierauf nicht

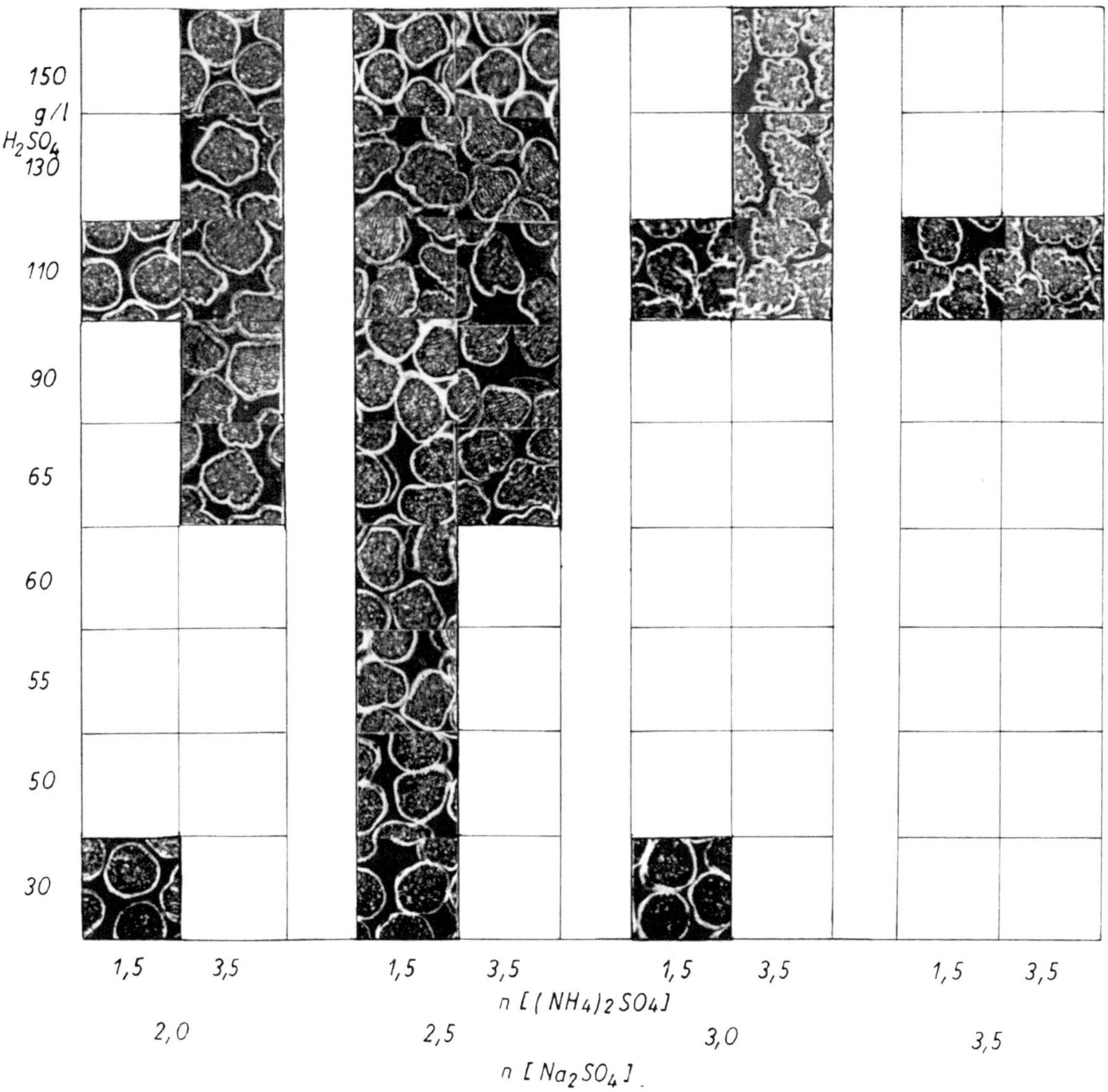

Bild 4. Querschnittsbilder bei verschiedenen Salz- und Säurekonzentrationen im Spinnbad

ein. Wir arbeiteten bei diesen Untersuchungen überwiegend mit konstantem Salzgehalt von 90 g/l $(NH_4)_2 \cdot SO_4$ (ca. 1,5 n) und 180 g/l Na_2SO_4 (ca. 2,5 n), den wir nachfolgend als Grundsalzgehalt bezeichnen. Die Säurekonzentration wurde bei verschiedenen Zinksulfatgehalten und die $ZnSO_4$-Konzentration bei verschiedenen Säuregehalten variiert. Der Grundsalzgehalt ergibt bei allen Säurekonzentrationen (bis zu 3 n = 150 g/l) einen runden Querschnitt (s. Bild 4 bei 2,5 n Na_2SO_4, 1,5 n $(NH_4)_2SO_4$). Eine auftretende Lappung muß also in jedem Fall in der Wirkung des $ZnSO_4$ ihre Ursache haben.

Im Bild 5 sind die Querschnitte in Abhängigkeit von der $ZnSO_4$- und Säurekonzentration abgebildet. Der $ZnSO_4$-Gehalt wurde von 0 bis 35 g/l und der H_2SO_4-Gehalt von 30 bis 130 g/l variiert. Das umfangreiche Untersuchungsmaterial gestattet, die Bereiche für die Ausbildung eines ungelappten bzw. gelappten Querschnitts in Abhängigkeit von der $ZnSO_4$- und H_2SO_4-Konzentration abzuschätzen. Der Verlauf wird in Bild 6 schematisch dargestellt. Hiernach ist es möglich, bei Säurekonzentrationen von ca. 30 g/l und kleiner mit hohen $ZnSO_4$-Konzentrationen zu arbeiten, ohne daß der Querschnitt eine Lappung aufweist. Bei Steigerung des Säuregehalts über 30 g/l sinkt die für einen runden Querschnitt zulässige $ZnSO_4$-Konzentration sprunghaft ab. Praktisch muß dann der $ZnSO_4$-Gehalt < 1 g/l sein, um noch einen ungelappten Querschnitt zu erhalten.

Es wurde bereits beschrieben, daß für die vorher beschriebenen Untersuchungen eine Viskose mit hohem Gehalt an niederpolymeren Celluloseanteilen und Cellulosebegleitsubstanzen, vor allem Pentosan, eingesetzt wurde und daß diese Anteile an der Fadenbildung beteiligt sind [11]. Es liegt also auf der Hand, daß diese Anteile ebenfalls die Querschnittsbildung beeinflussen können. Um dies zu ermitteln, wurde Direktviskosezellstoff mit einem DP von ca. 380 einer üblichen

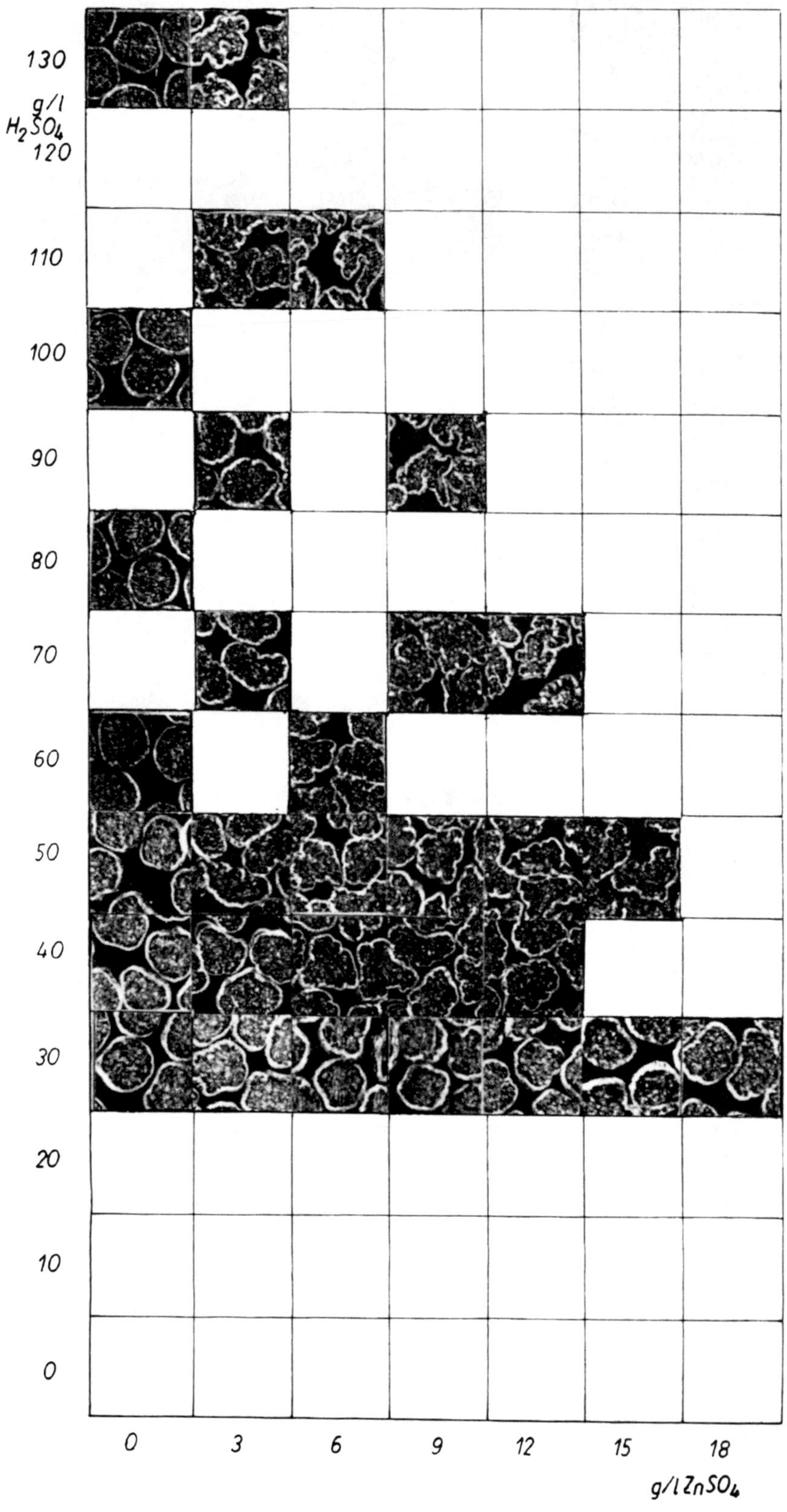

Bild 5
Querschnittsbilder bei verschiedenen H_2SO_4- und $ZnSO_4$-Konzentrationen und konstantem Na_2SO_4- und $(NH_4)_2SO_4$-Gehalt

Alkalisierung unterworfen und dann ohne Vorreife viskosiert. Die wichtigsten Daten der regenerierten Alkalicellulose im Vergleich zum nichtalkalisierten Zellstoff, der für die vorausgegangenen Untersuchungen eingesetzt wurde, zeigt folgende Gegenüberstellung:

	reg. Alkali-cellulose	DV-Zellstoff
DP	360	365
L 10 [%]	4,1	25,4
Pentosan [%]	0,05	5,35

Bild 7 zeigt den Querschnittsvergleich der Fäden, die aus einem Bad mit 65 g/l H_2SO_4 und dem Grundsalzgehalt sowie 2 g/l $ZnSO_4$ ersponnen wurden. Es ist zu erkennen, daß die Querschnitte aus dem hemicellulosearmen Zellstoff eine glattere Randzone ergeben. Der $ZnSO_4$-Einfluß ist also weniger zur Geltung gekommen. Dieses Ergebnis konnte auch eindeutig bei analogen Versuchen im Großbetrieb bestätigt werden.

Hieraus folgt, daß unsere gesamten vorher genannten Ergebnisse, wenn man sie auf sonst übliche Viskose aus alkalisiertem Zellstoff überträgt, eine geringe Verschiebung in Richtung eines ungelappten Querschnitts erfahren.

4.2. *Einfluß von Fremdsalzen auf die Querschnittsbildung*

Beim kontinuierlichen Spinnen, vor allem im Großbetrieb, können sich bekanntlich verschiedene Fremdionen im Spinnbad anreichern und so eventuell ebenfalls die Querschnittsbildung beeinflussen. Wir haben als wichtigste Ionen die des Fe, Mg und K erachtet und sie in Konzentrationen von je 5 g/l, bezogen auf das jeweilige Kation, einem Spinnbad mit folgender Zusammensetzung zugesetzt:

65 g/l H_2SO_4,
180 g/l Na_2SO_4,
90 g/l $(NH_4)_2SO_4$ und
1 g/l $ZnSO_4$.

Dieses Bad führt zu einem Querschnitt, der nicht mehr eindeutig ungelappt ist. Er weist bereits vereinzelte Ein-

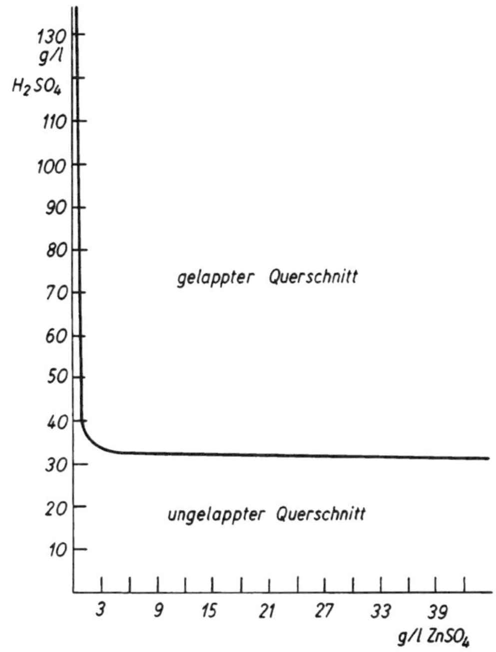

Bild 6. Einfluß des $ZnSO_4$- und H_2SO_4-Gehalts auf die Querschnittsform

kerbungen auf. Ein signifikanter Einfluß der Fremdsalze müßte also deutlich sichtbar sein. Die Ergebnisse zeigt Bild 8. Bei keinem Fremdsalz zeigt sich eine deutlich zunehmende Lappung des Querschnitts gegenüber dem Vergleichsbad. Die untersuchten Ionen des Fe, Mg und K haben demnach bei Konzentrationen von 5 g/l keinen signifikanten Einfluß auf die Querschnittsbildung.

4.3. Einfluß von Viskose- und Spinnbadzusatzmitteln auf die Querschnittsbildung

Es ist heute üblich, zur Vermeidung von Koagulaten u. ä. den Viskosen geringe Mengen an Zusatzmitteln zuzugeben. Weiterhin werden ähnliche Zusätze auch für die Spinnbadklärung verwendet. Auch diese organischen Substanzen können durchaus das Querschnittsbild beeinflussen und wurden deshalb von uns daraufhin untersucht. Als Vergleichsbad diente das vorher beschriebene, und die Zusätze betrugen:

	bei der Viskose	*beim Spinnbad*
a)	0,04% Genamin	1,25 g/l Berol-Spinn
b)	0,04% Genamin	5 g/l Berol-Spinn
c)	0,04% Genamin	2 g/l Genamin
d)	0,04% Berol-Visco	2 g/l Genamin.

Auch bei diesen Untersuchungen konnte keine Beeinflussung des Querschnitts festgestellt werden, die Querschnitte gleichen denen im Bild 8.

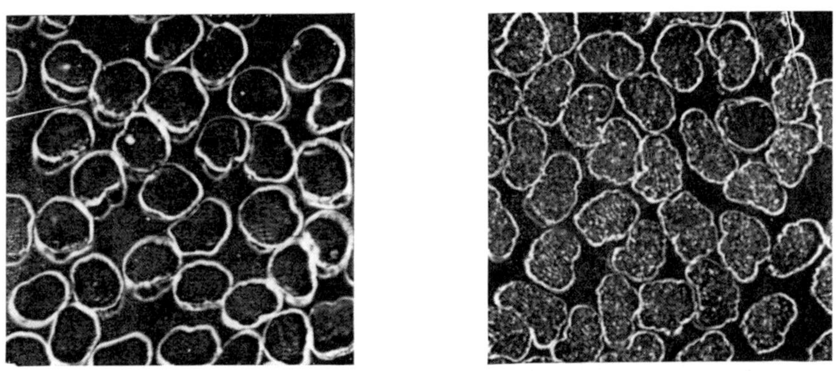

Pentosan (%) : 0,05 (hemiarm) — Pentosan (%) : 5,35 (hemireich)

Bild 7. Einfluß der Hemicellulose im verarbeiteten Zellstoff auf die Querschnittsform der Faser

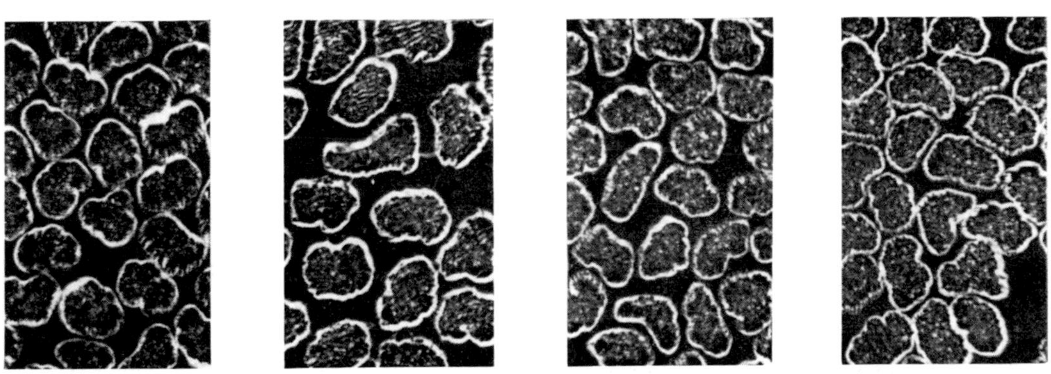

—	5 g/l K_2SO_4	5 g/l K_2SO_4	5 g/l K_2SO_4
—	—	5 g/l $FeSO_4$	5 g/l $FeSO_4$
—	—	—	5 g/l $MgSO_4$

Bild 8. Einfluß von Fremdsalzen im Spinnbad auf die Querschnittsformen

4.4. *Deformation des ungelappten Querschnitts durch mechanische Einflüsse*

Nach *Gröbe, Maron* und *Klare* [6] ist das Querschnittsbild bereits kurz nach der Düse festgelegt. Auf Grund unserer Beobachtungen kann dieses Bild jedoch durch mechanische Einflüsse, denen der Faden auf der Spinnmaschine unterliegt, mehr oder weniger verzerrt werden.

Diese Beobachtung veranlaßte uns, die mechanische Beeinflussung bewußt herbeizuführen, indem wir die oberen Walzen der Trios bei ein- und demselben Spinnversuch bis zum Aufliegen auf den unteren senkten. Es ist zu erwarten, daß die Deformation des Querschnitts mit steigendem Rest-γ-Wert des Fadens während der mechanischen Beeinflussung ansteigt, und deshalb wurde der Rest-γ-Wert durch Variation des H_2SO_4-Gehalts beim vorher beschriebenen Grundsalzgehalt im Bereich von 30 bis 150 g/l variiert. Die Ergebnisse zeigt Bild 9.

Es ist eindeutig, daß bei aufliegenden Walzen die Querschnitte deformiert werden. Eine Abhängigkeit der Deformation vom Rest-γ-Wert, gemessen unmittelbar nach dem letzten Trio, ist nicht eindeutig. Durchlaufen wurde ein Rest-γ-Wertbereich von ca. 9 bis 2. Bei weiteren Untersuchungen beobachteten wir auch, daß bei Rest-γ-Werten < 2 noch eine Deformation auftreten kann.

Es ist also offensichtlich so, daß runde Querschnitte gegenüber mechanischen Einflüssen eine hohe Empfindlichkeit zeigen.

Durch 20 h Quellen in Wasser oder auch in 2%iger Natronlauge bei Raumtemperatur sowie durch Lagerung kann die Deformation nicht rückgängig gemacht werden. Sie ist demnach irreversibel.

5. *Schlußfolgerungen*

Im Gegensatz zum Na_2SO_4 wirkt $(NH_4)_2SO_4$ auch bei hohen Konzentrationen nicht beeinträchtigend auf die Ausbildung eines ungelappten Querschnitts. Aus diesem Grunde ist es möglich, die Gesamtsalzkonzentration beim Spinnen von ungelappten Typen durch $(NH_4)_2SO_4$-Zusatz so zu steigern, daß der Spinnablauf hierdurch günstig beeinflußt werden kann. Dies gilt vor allem für die Spinnsauberkeit, denn auf Grund der größeren Koagulationswirkung vom $(NH_4)_2SO_4$ führen schon geringe Zusätze zu einer Stabilisierung der Fadenbildung.

Ein Zurückdrängen der querschnittsbeeinträchtigenden Wirkung des Na_2SO_4 durch $(NH_4)_2SO_4$-Zusatz ist nicht eindeutig, denn auch bei Gegenwart von viel $(NH_4)_2SO_4$ im Spinnbad ist bei H_2SO_4-Gehalten > 2 n der Querschnitt gelappt, sobald die Na_2SO_4-Konzentration einen bestimmten Wert erreicht.

Bei den hier gewählten Bedingungen (Viskosereife 8 bis 10°Ho, Spinnbadtemperatur 55°C, Abzugsgeschwindigkeit 33 m/min) beträgt dieser Grenzwert maximal 3 n Na_2SO_4. Durch Variation des H_2SO_4-Gehalts im Bereich über 2 n erfährt der Grenzwert keine Veränderung, bei H_2SO_4-Gehalten < 2 n dagegen kann

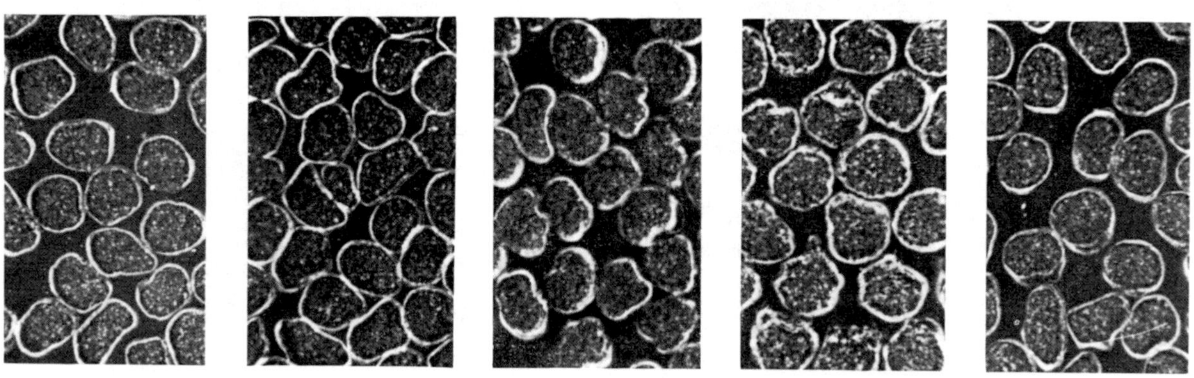

Rest-γ-Wert nach II. Trio:

6,5 | 4,9 | 3,9 | 3,1 | 2,3

Walzen oben

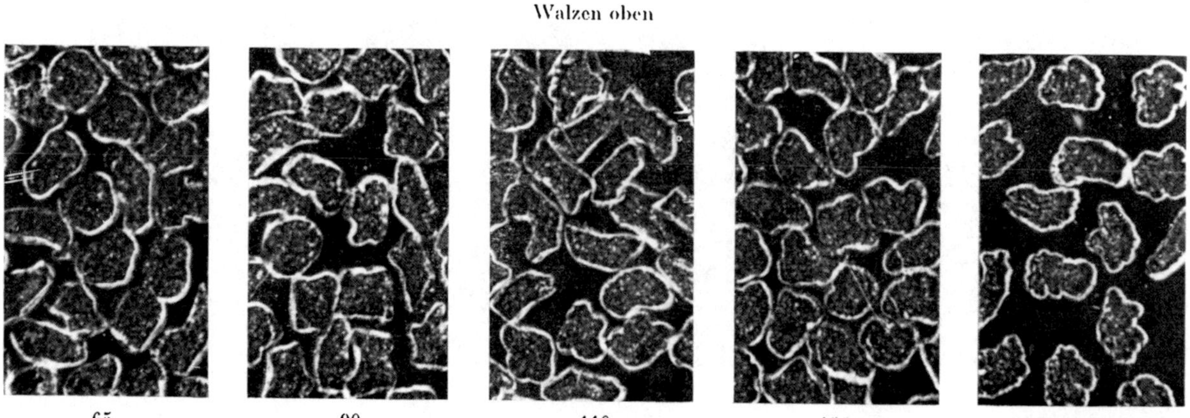

65 | 90 | 110 | 130 | 150 g/l H_2SO_4

Walzen unten

Bild 9. Einfluß der Walzenstellung der Trios auf die Querschnittsform

die Na_2SO_4-Konzentration über 3 n hinaus angehoben werden.

Der ungelappte Querschnitt wird demnach auch in $(NH_4)_2SO_4$-haltigen Bädern im wesentlichen durch die aus den Komponenten Na_2SO_4 und H_2SO_4 ableitbare $NaHSO_4^-$-Konzentration bestimmt.

Bei $ZnSO_4$-haltigen Bädern wird ein ungelappter Querschnitt nur dann erhalten, wenn bei Säurekonzentrationen < 40 g/l gearbeitet wird. Selbst $ZnSO_4$-Mengen um 2 g/l bedingen schon eine deutliche Lappung, wenn der H_2SO_4-Gehalt > 40 g/l ist. Durch $(NH_4)_2SO_4$-Zusatz wird diese Wirkung nicht abgeschwächt.

In Bädern von ca. 30 g/l H_2SO_4 und geringer resultiert dagegen auch bei mehr als 20 g/l $ZnSO_4$ noch ein runder Querschnitt. Der ungelappte Querschnitt ist deshalb bei hohem $ZnSO_4$-Gehalt des Spinnbades nicht ausschließlich durch einen Modifikatoreinsatz zu erreichen, sondern auch durch einen genügend niedrigen Säurespiegel des Koagulationsbades. Selbstverständlich kann diese Feststellung nur bei Mehrbadverfahren und geringen Spinngeschwindigkeiten Beachtung finden, denn aus dem ersten Bad resultiert in einem solchen Fall ein relativ unzersetzter Faden.

Begünstigend auf die Ausbildung eines ungelappten Querschnitts wirkt ein niedriger Hemicellulosegehalt in der Viskose und somit in der Alkalicellulose.

Durch mechanische Einflüsse auf der Spinnmaschine können runde Querschnitte auch bei relativ geringen Rest-γ-Werten in der Faser mehr oder weniger deformiert werden. Diese Deformation ist irreversibel. Beachtenswert erscheint die mechanische Beeinflussung des Querschnitts vor allem hinsichtlich ihrer Auswirkung auf die textilen Daten der Faser.

Hierüber sowie über die Ableitung günstiger Spinnbadbedingungen bezüglich der textilen Daten von ungelappter Teppichfaser werden wir demnächst im Teil II berichten.

Literatur

[1] *Treiber, E.:* Verzug, Verstreckung und Querschnittsmodifizierung beim Viskosespinnen. Chemiefasern **17** (1967) 5, S. 344–348.

[2] *Klare, H., Gröbe, A.:* Untersuchungen über den Bildungsmechanismus von Viskosefäden in Abwesenheit und bei Gegenwart von Modifikatoren. Österr. Chem. Z. **65** (1965) 7, S. 218–230.

[3] *Jaeger, A.:* Studien über Viskosequerschnitte. Kunstseide **13** (1931) S. 325–328.
Schramek, W., und *Zehmisch, E.:* Der Einfluß des Xanthogenierungsgrades auf den Spinnvorgang. Ein Beitrag zur Theorie der Faserbildung bei der Erzeugung künstlicher Fasern. Kolloidchem. Beih. **48** (1938) S. 93–140.

[4] *Hase, Shin-ichiro:* Studies of the spinning of viscose silk. J. Soc. Ind., Japan (Suppl.) **35** (1932) S. 367b bis 368b.

[5] *Moore, C. L.:* Coagulation. III. IV. Silk & Rayon **9** (1935) S. 71–73; 128–131.

[6] *Gröbe, A., Maron, R.,* und *Klare, H.:* Untersuchungen über die Fadenbildungsreaktionen an Viskosekapillarfäden. Faserforsch. u. Textiltechnik **12** (1961) 5, S. 196–207.

[7] *Bronnert, E.:* Progress in the artifical silk industry. J. Soc. Dyers Colourists **38** (1922) S. 153–162.

[8] *Herzog, A.:* Fällungsbad und Querschnittsform der Viskoseseide. Textile Forschung **8** (1926) S. 87–93.

[9] *Jaeger, A.:* Studien über Viskosequerschnitte. Kunstseide **13** (1931) S. 325–328; **15** (1933) S. 2, 38, 122, 164.

[10] *Jaeger, A.:* Studien über Viskosequerschnitte. Kunstseide **13** (1931) S. 352–356.

[11] *Rehder, W.,* und *Chiari, A.:* bisher unveröffentlicht.

Eingegangen am 19. Juni 1968

Elektronenmikroskopische Untersuchungen an Oberflächen von Celluloseregeneratfäden

Teil V. Zusammenfassende Diskussion der Ergebnisse[1])

Anneliese Gröbe, Reinhard Maron und Klaus Peter Rose
Deutsche Akademie der Wissenschaften zu Berlin, Institut für Faserstoff-Forschung in Teltow-Seehof

DK 677. 463. 021.5(086.5):677.463.021.525/.526
677.46.061.39:537.533.35.08

Die experimentellen Ergebnisse der vorangegangenen Mitteilungen werden an einer Pilotanlage überprüft und im Zusammenhang diskutiert. Es werden Vorstellungen zur Entstehung der Deckschicht entwickelt und Überlegungen über den Zusammenhang zwischen der Deckschichtbildung und der Modifikatorwirkung angestellt.

Изучение поверхности гидратцеллюлозных волокон методом электронной микроскопии
Часть V. Обсуждение результатов
Проведена проверка полученных в предыдущих сообщениях результатов на полупроизводственной установке и дано их обсуждение. Выдвинуты представления о возникновении покровного слоя и сделаны предположения о взаимосвязи между образованием покровного слоя и действием модификатора.

Electron Microscopic Investigations of Rayon Fibre Surfaces
Part V. Discussion of Results
The experimental results presented in previous communications have been reexamined on pilot plant scale. In the discussion concepts are put forward concerning the formation of the covering layer and its relationship to the effects of modifiers.

Die Aufgabe der bisher beschriebenen Untersuchungen bestand darin, mit Hilfe des Elektronenmikroskops Informationen über die Struktur der Fadenoberfläche zum Zeitpunkt der Fadenbildung zu gewinnen [1 bis 4]. Es wurde eine Methode ausgearbeitet, die es erlaubt, einwandfreie Aufnahmen von Oberflächen ungetrockneter Fadenproben zu erhalten. Dadurch war es überhaupt erst möglich, Fäden nach verschiedenen Reaktionszeiten zu betrachten und im

[1]) Teil IV s. [4].

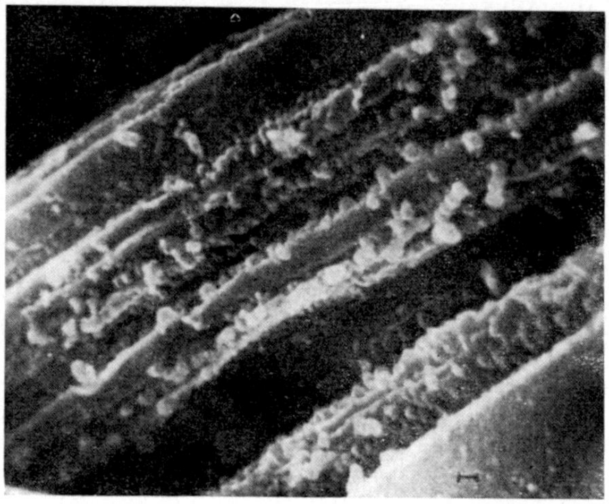

Bild 1 a

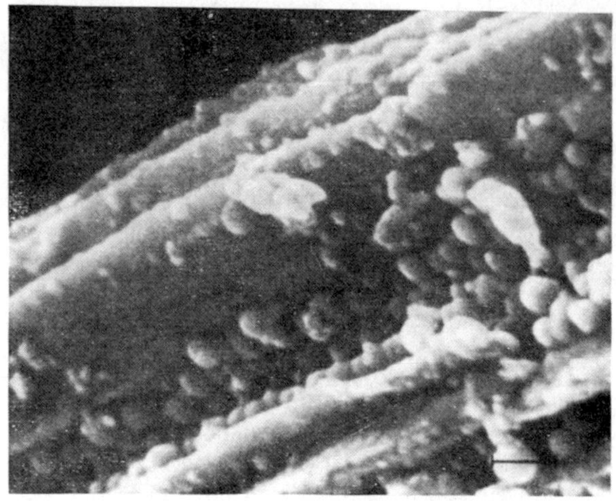

Bild 1 b

Bild 1. Stereoscan-Aufnahmen eines gefriergetrockneten Fadens aus unmodifizierter Viskose (Düsenabstand 80 mm) Aufnahme: Dr. *F. Zimmer*, TU Dresden, I. Institut für Experimentalphysik

Sinne der Aufgabenstellung Veränderungen an der Fadenoberfläche zu verfolgen, zu denen es während des Spinnvorganges kommt.

Gegenstand der Untersuchungen waren Spinnverfahren mit zinkhaltigen Spinnbädern und modifizierten Viskosen. Dabei stand die Frage nach der Ausbildung einer Deckschicht an der Fadenoberfläche im Vordergrund, deren Morphologie und Beständigkeit gegenüber dem Spinnbad in Abhängigkeit von der Art des eingesetzten Modifikators untersucht werden sollte, um auf diesem Wege einen Beitrag zur Aufklärung des Wirkungsmechanismus der Viskosemodifikatoren zu leisten.

Ausgangspunkt unserer Untersuchungen waren aus einer Viskose ohne Modifikator ersponnene Fäden. Dabei konnte die Bildung einer Deckschicht an der Fadenoberfläche nachgewiesen werden. Die Untersuchung von Fadenproben nach verschiedenen Reaktionszeiten gab Aufschluß über den Auf- und Abbau der Deckschicht sowie über ihre Morphologie. Durch Elektronenbeugung wurde nachgewiesen, daß die Deckschicht aus kubischem Zinksulfid aufgebaut ist. Modifikatorzusätze zur Viskose beeinflussen die Morphologie der Deckschicht und vergrößern ihre Beständigkeit gegenüber dem Spinnbad. Dabei ließen sich Unterschiede in der Wirksamkeit der einzelnen untersuchten Substanzen beobachten.

Die Veränderungen der Deckschichtmorphologie beim Modifikatorzusatz waren teilweise so erheblich, daß die bislang übliche Ablösetechnik mit 72%iger Schwefelsäure eine eindeutige Interpretation der Oberflächenabdrücke erschwerte. Deshalb haben wir zur Ablösung des Fadenmaterials vom Abdruckfilm eine neue Methode entwickelt. Beim Lösen der Cellulose in EWNN verbleiben große Teile der Deckschichtsubstanz am Kohle/Platin-Film und verbessern durch ihre stark elektronenstreuenden Eigenschaften den Bildkontrast. Darüber hinaus wird durch die Möglichkeit einer direkten Betrachtung der Deckschicht im Elektronenmikroskop der Informationsgehalt der Aufnahmen wesentlich gesteigert.

Die Anwendung der Ultradünnschnitt-Technik vermittelte weitere Kenntnisse über die Morphologie der Deckschicht und ihre Verbindung mit dem Faden. Dabei wurden die Proben in Epoxidharz eingebettet, und das Einbettungsmittel wurde vor der Betrachtung im Elektronenmikroskop nicht durch ein Lösungsmittel entfernt. Artefakte, die bei der Ablösung eines Einbettungsmittels zu Lageveränderungen der elektronenstreuenden Partikel führen können, werden dadurch weitgehend ausgeschlossen.

Diese Einbettungstechnik trug dazu bei, daß an den Ultradünnschnitten von Fäden aus unmodifizierter Viskose in dieser Deutlichkeit erstmals die Kutikula sichtbar wurde. Außerdem wurden mit Hilfe der Ultradünnschnitte Aussagen über das Auftreten und die Verteilung von ZnS-Partikeln im Fadeninneren gewonnen.

Ergänzend zu den bisher angeführten morphologischen Untersuchungen überprüften wir den Aufbau der Deckschicht mit Hilfe einer prinzipneuen Methode: eines Stereoscan-Elektronenmikroskops. Bei diesem Verfahren entfällt die zeitaufwendige Anfertigung einer Replik, denn das zu untersuchende Material wird selbst auf dem Objektträger des Stereoscan befestigt. Im Gegensatz zum Durchstrahlungs-Elektronenmikroskop erfolgt die Abbildung nicht durch eine Absorption der Primärelektronen, sondern vermittels Sekundärelektronen, die durch erstere aus der Objektoberfläche ausgelöst werden. Als Folge eines schrägen Auftreffens der primären Elektronen auf das Objekt entsteht in Abhängigkeit vom Austrittswinkel der Sekundärelektronen eine sehr plastische Abbildung des Objekts. Bezüglich näherer Einzelheiten sei auf die Darstellungen [5, 6] und das dort angeführte Schrifttum verwiesen.

Die Vorbereitung unserer feuchten Fadenproben bestand in einer Gefriertrocknung und — bei Bedarf — einer kurzen Bedampfung mit Kupfer im Hochvakuum. In den Bildern 1 a und b wird die Oberfläche eines Fadens aus unmodifizierter Viskose gezeigt. Die Aufnahmen bestätigen auf diesem methodisch unabhängigen Weg besonders anschaulich die Bedeckung der Fadenoberfläche mit der Zinksulfidschicht.

Da sich die bisher geschilderten Resultate auf Fäden bezogen, die an einer Laborspinnmaschine ersponnen worden waren, wollten wir abschließend prüfen, ob die Deckschichtbildung auch unter technischen Bedingungen, d. h. an einer Pilotanlage, reproduzierbar ist.

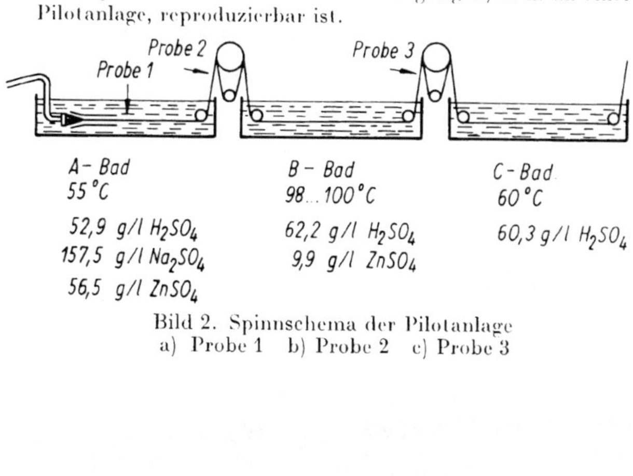

Bild 2. Spinnschema der Pilotanlage
a) Probe 1 b) Probe 2 c) Probe 3

Tabelle 1. Zusammenstellung der Versuchsbedingungen und der analytischen Daten

Viskose	Spinnbedingungen		γ-Wert	Sulfid [%]
8,29% Cellulose 5,77% NaOH 47% CS_2 1,3 g/l Polyglykol 1500 2,0 g/l Leomin AC 80 Reife: 18,4°H	Düse: 1500/40 µm Ausspritzgeschwindigkeit 37,2 m/min Verzug: 0,58	Viskose	39,7	
		Probe 1	22,7	1,48
		Probe 2	22,3	1,50
		Probe 3	0	0,75

Die mit diesem Übergang zur Supercordtechnologie verbundenen wesentlichen Änderungen sind dem Spinnschema im Bild 2 und der Tabelle 1 zu entnehmen. Zunächst tritt an die Stelle des bisher verwendeten einen Spinnbades das Mehrbadverfahren. Dabei entspricht das A-Bad in Zusammensetzung und Temperatur etwa dem bisher verwendeten Spinnbad, während die Bäder B und C bei erhöhter Temperatur Schwefelsäure und Zinksulfat bzw. nur noch Schwefelsäure enthalten. Auf eine Verstreckung der Seide im zweiten Bad wurde wegen der schwierigen Probenahme verzichtet. Die weiteren Änderungen betreffen die Düse und das Spinnen durch ein Spinnrohr bei erhöhter Spinngeschwindigkeit: anstelle der 18-Loch-Düse mit einem Lochdurchmesser von 80 µm wurde eine 1500-Loch-Düse mit einem Lochdurchmesser von 40 µm benutzt, die Ausspritzgeschwindigkeit betrug 37,2 m/min (Verzug 0,58). Die mit dem Modifikatorgemisch „Polyglykol 1500"/„Leomin AC 80" modifizierte Viskose entsprach in ihren Kennwerten der im Spinnversuch 4 [3, 4] verwendeten Viskose.

Bild 3a

Das veränderte Spinnschema erforderte auch eine im Vergleich zu den Versuchen an der Laborspinnmaschine andere Technik der Probenahme. Aus der 1500 Elementarfäden zählenden Seide wurde an den ausgewählten Stellen mit einer Doppelschere [7] ein 7,5 cm langes Stück herausgeschnitten und sofort in der wäßrigen Glycerinlösung ausgewaschen. Die weitere Präparation über die aufsteigende Glycerin/Wasser-Reihe erfolgte wie früher beschrieben. Proben wurden an drei Stellen genommen: unmittelbar hinter dem Spinnrohr (35 cm hinter der Düse), am Ausgang des A-Bades vor dem Auflaufen auf die erste Galette und beim Verlassen des Verstreckungsbades.

Aus den analytischen Daten der Tabelle 1 geht hervor, daß die Elementarfäden das Verstreckungsbad zwar vollständig regeneriert, aber noch mit einem Sulfidgehalt von 0,75% (bezogen auf Cell.) verließen (Probe 3). Die Bilder 3a bis c zeigen für die Proben 1 bis 3 die Repliken der glycerinfeuchten Fäden nach Behandlung der Abdruckfilme mit EWNN. Die Ähnlichkeit mit der Fadenoberfläche beim Spinnen der gleichen Viskose auf der Laborspinnmaschine ist nicht zu übersehen. Neben glatten, homogenen Deckschichtbereichen treten wiederum solche mit kugelförmiger Struktur auf; beide Modifikatorkomponenten äußern sich also in der für sie

Bild 3b

Bild 3c

Bild 3. Oberflächenabdrücke glycerinfeuchter Fäden nach verschiedenen Badstrecken. Spinnen einer mit „Polyglykol 1500"/„Leomin AC 80" modifizierten Viskose auf der Pilotanlage. Ablösung mit EWNN

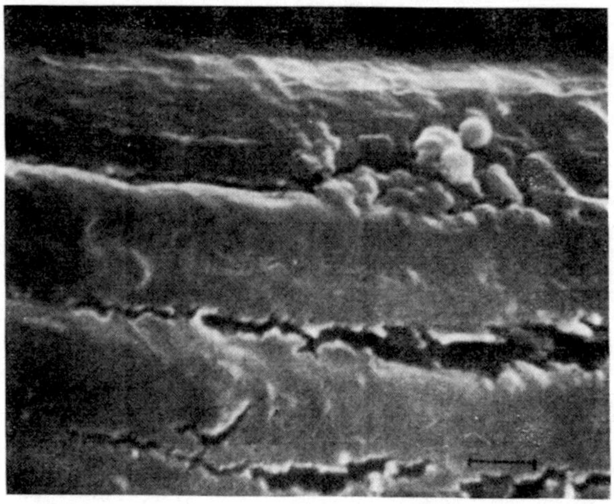

Bild 4. Stereoscan-Aufnahme eines gefriergetrockneten Fadens. Spinnbedingungen. Bild 3
Aufnahme: Dr. *F. Zimmer*, TU Dresden, I. Institut für Experimentalphysik

charakteristischen Deckschichtstruktur, was auch durch die Stereoscan-Aufnahme im Bild 4 bewiesen wird. In Übereinstimmung mit dem bereits angeführten analytischen Sulfidwert ist nach dem Passieren des ca. 100°C heißen Verstreckungsbades (Bild 3c) noch eine deutlich sichtbare Deckschicht vorhanden. Dieser Befund bestätigt Beobachtungen von *Kozler* [8], der im Plastifizierungsbad verstreckte Fäden mit einer Kupfersulfatlösung behandelte und die erfolgte Schwarzfärbung derselben mit der Existenz sulfidischer Reaktionsprodukte in Zusammenhang brachte. Darüber hinaus läßt sich jetzt auch die Notwendigkeit des C-Bades erklären. Dabei ist aber zu diskutieren, ob bei einer Verstreckung der Seide nicht bereits im B-Bad Teile der Deckschicht entfernt werden.

Die mit dem Übergang zur Pilotanlage verbundene Variation vieler Prozeßvariabler hat die Ausbildung der Zinksulfid-Deckschicht also prinzipiell nicht beeinflußt. Mit dem Wechsel von einer 18-Loch-Düse zu einer solchen mit 1500 Loch werden allerdings die morphologischen Erscheinungsformen vielfältiger, da in jeder Hinsicht innerhalb des Elementarfadenbündels größere Ungleichmäßigkeiten vorliegen können. In gleichem Sinne wirkt sich auch die veränderte Technik der Probenahme aus.

Im folgenden sollen mit Hilfe der erhaltenen Ergebnisse einige bei der Fadenbildung ablaufende Reaktionen und Vorgänge unter dem Aspekt der Modifikatorwirkung diskutiert werden.

Man kann annehmen, daß beim Kontakt zwischen Viskosestrahl und Spinnbad sofort nach dem Austritt aus der Düse auf der Fadenoberfläche $ZnCS_3$ und ZnS gebildet werden. Die durch die gleichzeitig entwickelte Kutikula einsetzende Diffusion der Spinnbadbestandteile in den Faden und der gelösten Viskosebestandteile aus dem Faden heraus führt schnell zu einer Verstärkung der Deckschicht, wozu im wesentlichen die im Fadeninneren freiwerdenden gasförmigen Zersetzungsprodukte des Natriumsulfids und -trithiocarbonats beitragen. Beim Fehlen eines Modifikators verläuft die Diffusion relativ schnell, die Folge ist eine lebhafte Gasentwicklung. Als Beweis dafür dürfen die Gasausbrüche aus dem Faden während des Spinnens gelten, die stets in der Nähe des Neutralpunktes beobachtet wurden. Auch die Ausbeulungen der Kutikula sind eine Folge dieser Gasausbrüche.

Begünstigt wird die Gasentwicklung durch den großen Anteil an Nebenprodukten, der infolge eines hohen CS_2-Einsatzes bei der Sulfidierung der Alkalicellulose in der Viskose vorhanden war. Bei unseren Untersuchungen haben wir absichtlich einen hohen Nebenproduktgehalt in der Viskose angestrebt, um der unter Modellbedingungen nachgewiesenen Rolle der Nebenprodukte bei der Wirkung von Viskosemodifikatoren gerecht zu werden.

Während beim ersten Kontakt des Viskosestrahls mit dem Spinnbad bei der Ausbildung der Deckschicht hauptsächlich die Bildung von $ZnCS_3$ durch direkte Reaktion der Zinkionen des Spinnbades mit den Trithiocarbonationen der Viskose diskutiert werden muß, ist anzunehmen, daß der weitere Aufbau der Deckschicht durch den Umsatz *gasförmiger* Reaktionspartner — vornehmlich H_2S — mit den Zinkionen erfolgt. Da bis zum Neutralpunkt, dem Punkt der sichtbaren Gasausbrüche, nur eine schwache Zersetzung des Natriumcellulosexanthogenats gemessen wird, kommt als einziger Reaktionspartner praktisch nur H_2S in Frage.

Die Vorstellung, daß die Deckschicht größtenteils aus ZnS besteht, wird durch die Ergebnisse der Elektronenbeugungsaufnahmen gestützt. Dabei ist zu bemerken, daß die Deckschicht zum Zeitpunkt der Beugungsaufnahmen grundsätzlich nur noch aus ZnS bestehen konnte, da sich $ZnCS_3$ auf Grund der relativ langen Präparationszeit und seiner geringen Beständigkeit ebenfalls in ZnS umgewandelt haben mußte. Nach den vorangegangenen Ausführungen ist es jedoch wahrscheinlich, daß die Deckschicht von Anfang an aus ZnS bestand.

Durch Zusatz von Modifikatoren vom Typ der Polyamine, der Polyäthylenoxide bzw. einer Mischung derselben kann man Veränderungen der Deckschicht erreichen. Eine wesentliche Veränderung betrifft ihre Morphologie. Im Gegensatz zum Spinnen unmodifizierter Viskose besteht die Deckschicht bei Verwendung von „Berol L 603“ bzw. des Modifikatorgemisches „Polyglykol 1500“/„Leomin AC 80“ unter den von uns gewählten Bedingungen aus kleineren ZnS-Partikeln, die eine vergleichsweise wesentlich dichtere, im Elektronenmikroskop fast strukturlos erscheinende Deckschicht bilden. Diese an Fäden gemachte Beobachtung wird durch Ergebnisse von *Philipp* und *Müller* bestätigt, die an Modellen röntgenografisch für das ZnS eine Verringerung der Kristallitgröße nachweisen konnten, wenn bei seiner Fällung ein Modifikator zugegen war [9].

Als Ursache für die Bildung der kleineren ZnS-Partikel ist eine feinere Verteilung der gasförmigen Reaktionsprodukte in Gegenwart des Modifikators anzunehmen. Die feinere Verteilung entsteht nicht nur dadurch, daß H_2S in Form kleinerer Blasen an die Fadenoberfläche gelangt. Es ist auch anzunehmen, daß sie durch die stark diffusionsverzögernde Wirkung der Deckschicht hervorgerufen wird. Denn eine Folge der wesentlich langsameren Diffusion der Spinnbadbestandteile in den Faden ist, daß pro Zeiteinheit eine kleinere Menge gasförmiger Reaktionsprodukte freigesetzt wird. Als Hinweis für die Berechtigung dieser Annahme darf die Beobachtung gelten, daß beim Spinnen modifizierter Viskosen keine Gasausbrüche aus dem Faden zu verzeichnen waren. Darüber hinaus zeigten Ultradünnschnitte von Fäden aus modifizierter Viskose zahlreiche kleine Hohlräume, deren Entstehung bisher aber nur mit dem CS_2 in Zusammenhang gebracht wurde [10]. Entscheidend für die Beeinflussung der Deckschichtmorphologie scheint die Anwesenheit des Modifikators beim ersten Kontakt des Viskosestrahls mit dem Spinnbad zu sein. Dann läßt sich auch erklären, daß die Modifikatorwirkung als solche davon unabhängig ist, ob das Modifizierungsmittel der Viskose oder dem Spinnbad zugesetzt wurde.

Die wesentlich dichtere Deckschicht beim Modifierspinnen hat eine starke Bremsung aller Diffusionsvorgänge zur Folge. Dabei lassen sich beim Vergleich der Deckschichtmorphologie und der experimentell meßbaren Neutralisationsverzögerung quantitative Abstufungen zwischen den einzelnen Modifikatoren erkennen.

Die veränderten Diffusionsverhältnisse, speziell bei Anwesenheit der Modifikatormischung in der Viskose, lassen sich auch an einem stärkeren Auftreten von ZnS-Ablagerungen im Fadeninneren verfolgen. Das geht deutlich aus den beiden Ultradünnschnitten der Bilder 5a und b hervor. Sie stammen von Fäden, die beim Spinnen der mit dem Modifikatorgemisch modifizierten Viskosen auf der Laborspinnmaschine (Bild 5a) und der technischen Maschine (Bild 5b) erhalten wurden und die jeweils zum kürzesten der untersuchten Düsenabstände gehören. Durch die verzögerte, langsamere Bildung der gasförmigen Zersetzungsprodukte ist die Entstehung von ZnS nicht mehr auf die relativ schmale Randzone des Fadens beschränkt. Vielmehr treffen die Zinkionen auch im Fadeninneren noch auf H_2S bzw. Sulfidionen. Aus der Verteilung der ZnS-Partikel über den Fadenquerschnitt können noch keine Schlußfolgerungen bezüglich der Existenz anderer Zinkverbindungen, wie z. B. Zinkcellulosexanthogenat, gezogen werden.

Eine zweite deutliche Beeinflussung der Deckschicht durch die Modifikatoren betrifft ihre erheblich größere Beständigkeit. Dieser Sachverhalt kommt außer in den elektronenmikroskopischen Aufnahmen auch deutlich bei der analytischen Bestimmung des Sulfidgehaltes der Fäden zum Ausdruck. Auch hier sind quantitative Unterschiede zwischen den einzelnen Modifikatoren bei gleichen Reaktionszeiten festzustellen. Besonders Zusätze von „Berol L 603" und der Modifikatormischung haben relativ hohe Sulfidgehalte der Fäden zur Folge. Setzt man diese Sulfidwerte mit der Dicke der elektronenmikroskopisch sichtbaren Deckschicht an der Fadenoberfläche in Beziehung (Bilder 5a, b), dann ergibt sich eine Diskrepanz. Die Deckschicht ist nicht in dem Maße stärker geworden, wie das nach den analytischen Daten zu erwarten gewesen wäre. Dieser Widerspruch löst sich erst, wenn man auch das im Fadeninneren befindliche Zinksulfid in die Betrachtungen einbezieht.

Die Stabilisierung der Zinksulfidschicht läßt sich durch Adsorption der Modifikatormoleküle an den ZnS-Partikeln erklären. *Philipp* und *Müller* fanden bei ihren Modellversuchen eine Stabilisierung des Zinktrithiocarbonats, für die sie eine unspezifische Adsorption von Modifikatormizellen verantwortlich machten. Die bei unseren Untersuchungen nachgewiesene große Stabilität der Deckschicht beim Spinnen modifizierter Viskosen kann ebenfalls mit einer solchen Adsorption des Modifikators erklärt werden, allerding vorwiegend an den ZnS-Partikeln. Die angewandten Untersuchungsmethoden erlauben jedoch keinen Beweis dieser Annahme.

Beim Spinnen von Viskose in zinksulfathaltige Bäder ist generell die Bildung einer solchen Deckschicht zu erwarten. So ergaben Spinnversuche unter den Bedingungen einer Viskoseseidentechnologie mit 150 g/l H_2SO_4, 300 g/l Na_2SO_4 und nur 8 g/l $ZnSO_4$ bei einer Viskosezusammensetzung von 8% Cell., 6% NaOH und 32% CS_2 ebenfalls eine elektronenmikroskopisch nachweisbare Deckschicht auf den Fäden, sogar noch vor deren Einlauf in den Zentrifugentopf. Diese Spinnbedingungen weichen von denen der bisher beschriebenen Versuche erheblich ab und müssen im Hinblick auf die Bildungschancen von ZnS und $ZnCS_3$ auf der

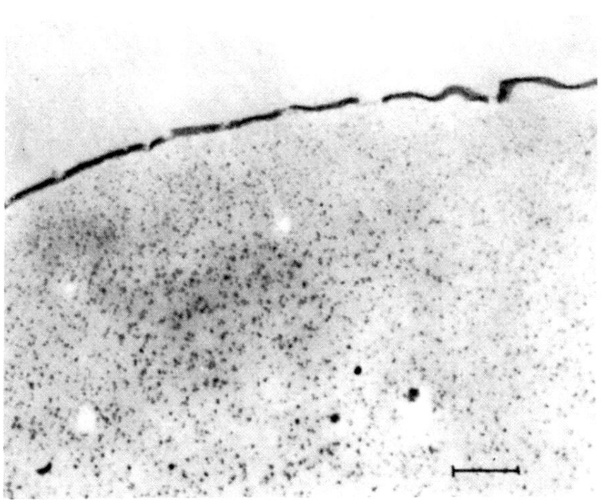

Bild 5a

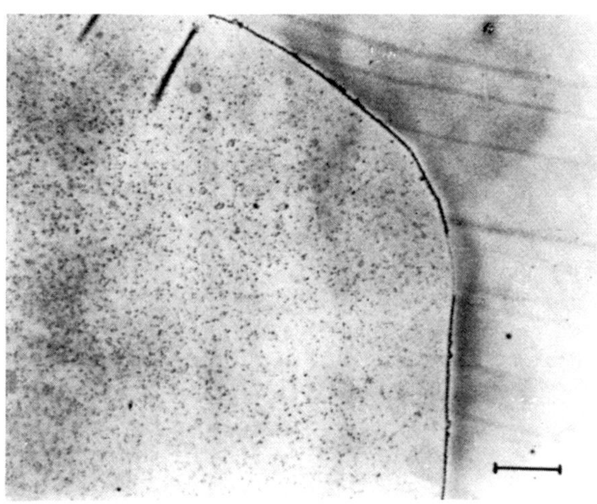

Bild 5b

Bild 5. Ultradünnschnitte (Ausschnitte) von Fadenproben nach Spinnen einer mit „Polyglykol 1500"/„Leomin AC 80" modifizierten Viskose auf der Laborspinnmaschine (a) bzw. der Pilotanlage (b)

Fadenoberfläche als weitaus ungünstiger eingeschätzt werden. Bereits niedrige $ZnSO_4$-Konzentrationen im Spinnbad reichen offenbar zum Aufbau einer Deckschicht aus. Daß auch nur geringe Mengen der anderen Reaktionspartner Sulfid und Trithiocarbonat erforderlich sind, hatte bereits der Spinnversuch mit der „weißen Viskose" ergeben [2].

Die Deckschichtbildung bringt aber nicht nur neue Aspekte in die Diskussion über die Wirkungsweise der Modifikatoren, sondern hilft auch bei der Interpretation früherer Beobachtungen während der Untersuchung des Viskosespinnprozesses.

So konnten *Beßer* und *Purz* [11] bei der lichtmikroskopischen Beobachtung des Neutralisationsverlaufs (Bromkresolpurpur) zeigen, daß bereits der Zusatz minimalster Zinkmengen ausreicht, um den Neutralpunkt deutlich zu verschieben. Die Autoren lösten diesen Effekt bereits aus, indem sie während des Spinnens einem zinkfreien Spinnbad in Düsennähe wenige Tropfen einer Zinksulfatlösung zusetzten.

Die Deckschichtbildung erklärt auch die Schwierigkeiten bei der fotografischen Registrierung des Neutralisationsverlaufs in zinksulfathaltigen Spinnbädern. Die unbefriedigenden Resultate bei der mathematischen Auswertung dieser mikrofotografischen Untersuchungen wurden seinerzeit in erster Linie mit der Einfaltung des Fadenquerschnitts in Verbindung gebracht. Nach dem heutigen Stand unserer Kenntnisse ist jedoch vor allem die Deckschichtbildung als Ursache für diese Schwierigkeiten anzusehen.

Die infolge des Deckschichtaufbaus und -abbaus sich ständig verändernde Oberfläche ist schließlich auch die Ursache für die unbefriedigenden Resultate bei der Bestimmung des Diffusionskoeffizienten in zinksulfathaltigen Spinnbädern [12].

Literatur

[1] *Gröbe, A.*, *Maron, R.*, und *Rose, K. P.:* Elektronenmikroskopische Untersuchungen an Oberflächen von Celluloseregeneratfäden. Teil I. Eine Methode zur Herstellung von Oberflächenrepliken ungetrockneter Fäden. Faserforsch. u. Textiltechnik **19** (1968) 6, S. 253—258.

[2] *Maron, R.*, *Rose. K. P.*, und *Gröbe, A.:* Elektronenmikroskopische Untersuchungen an Oberflächen von Celluloseregeneratfäden. Teil II. Nachweis und Charakterisierung von Deckschichten auf den Fadenoberflächen. Faserforsch. u. Textiltechnik **19** (1968) 7, S. 319—324.

[3] *Rose, K. P.*, *Gröbe, A.*, und *Maron, R.:* Elektronenmikroskopische Untersuchungen an Oberflächen von Celluloseregeneratfäden. Teil III. Wirkung von Viskosemodifikatoren auf die Deckschichtbildung — analytischer und lichtmikroskopischer Nachweis. Faserforsch. u. Textiltechnik **19** (1968) 8, S. 358—362.

[4] *Rose, K. P.*, *Maron, R.*, und *Gröbe, A.:* Elektronenmikroskopische Untersuchungen an Oberflächen von Celluloseregeneratfäden. Teil IV. Wirkung von Viskosemodifikatoren auf die Deckschichtbildung — elektronenmikroskopischer Nachweis. Faserforsch. u. Textiltechnik **19** (1968) 11, S. 499—504.

[5] *Reumuth, H.:* Ein neues Elektronenmikroskop Stereoscan 1966 und dessen erste textilmikroskopische Ergebnisse. Z. ges. Textilind. **69** (1967) 4, S. 227 bis 236.

[6] *Reumuth, H.:* Leistungs- und Prinzip-Vergleiche zwischen Lichtmikroskopen, Durchstrahlungs-Elektronenmikroskopen und dem neuen Raster-Aufstrahlungs-Elektronenmikroskop Stereoscan 1966. Melliand Textilber. **48** (1967) 5, S. 489—501.

[7] *Witkamp, J. C.*, und *Saxton, W. R.:* Studies of the effect of modifiers in high tenacity rayon spinning. Tappi, New York **45** (1962) 8, S. 650—654.

[8] *Kozler, M.:* Privatmitteilung.

[9] *Philipp, B.*, und *Müller, K.:* Chemische Untersuchungen zur Wirkungsweise von Viskosemodifikatoren. Teil II. Über das Verhalten der Viskosenebenprodukte Natriumtrithiocarbonat und Natriumsulfid gegenüber Modifikatoren. Faserforsch. u. Textiltechnik **13** (1962) 9, S. 385—392.

[10] Electron microscopic studies on the fine structure of rayon: voids in tire yarn. Basic Research Report No. 28, Internat. Cellulose Res. Ltd., Hawkesbury (Ontario) Canada, 1964.

[11] *Beßer, I.*, und *Purz, H.-J.:* Untersuchung des Neutralisationsverlaufs, des Natriumcellulosexanthogenatabbaues und des Zinkgehaltes von Viskosekapillarfäden bei Anwendung variierter Spinnbäder und Viskosen. Diplomarbeit TH für Chemie Leuna-Merseburg 1961.

[12] *Gröbe, A.*, und *Jost, H.:* Unveröffentlichte Versuche.

Eingegangen am 15. Mai 1968

Zum Problem der Beziehungen zwischen Grenzviskositätszahl und relativer Molekülmasse von Polyacrylnitril

Peter Fritzsche

Deutsche Akademie der Wissenschaften zu Berlin, Institut für Faserstoff-Forschung in Teltow-Seehof

DK 678.745.32:541.24:536.413
535.36.08:532.71.08

Es wurde untersucht, inwieweit sich die Abweichungen der bisher veröffentlichten $[\eta]$-M-Beziehungen für Polyacrylnitril quantitativ auf die Verteilung der rel. Molekülmassen der Polymerproben zurückführen lassen. Mit Hilfe von früher berechneten Korrekturfaktoren ergab sich aus den verschiedenen osmotisch und durch Lichtstreuung gemessenen Literaturwerten nach *Stockmayer* und *Fixman* übereinstimmend ein ungestörter Fadenendenabstand für Polyacrylnitril in Dimethylformamid bei 25 °C: $(\bar{r}_0^2)^{1/2} = 1{,}00 \cdot 10^{-8}\, M^{1/2}$ cm. Die früher abgeleiteten Korrekturfaktoren q_α, die den Einfluß der rel. Molekülmasse auf den Expansionskoeffizienten berücksichtigen, verbessern die Übereinstimmung der Neigungen der $[\eta]$-M-Beziehungen im *Stockmayer/Fixman*-Diagramm.

К вопросу о взаимосвязи характеристической вязкости с молекулярным весом полиакрилонитрила

Количественно изучено влияние несходимости выведённых до сих пор для ПАН зависимостей $[\eta]$ от M на молекулярновесовое распределение образцов полимера. При применении ранее вычисленных поправочных коэффициентов на приведенные в литературе данные, полученные по осмотическому методу и светорассеянию, с использованием уравнений Штокмайера и Фиксмана для ПАН в ДМФ при 25 °C было получено свободное расстояние между концами цепи: $(\bar{r}_0^2)^{1/2} = 1{,}00 \cdot 10^{-8}\, M^{1/2}$ см. Ранее выведенные поправочные коэффициенты q_α, учитывающие влияние молекулярного веса на коэффициент расширения клубка, улучшают сходимость наклона кривых, отражающих зависимость $[\eta]$ от M, в диаграмме Штокмайера-Фиксмана.

On the Relationship between Viscosity Number and Molecular Weight of Polyacrylonitrile

The effects of the molecular weight distribution causing differences of various $[\eta]$-M relationships published so far for polyacrylonitrile have been investigated quantitatively. By applying correction factors derived previously to viscosimetric and light scattering data from the literature, recalculations according to *Stockmayer* and *Fixman* resulted in an undisturbed mean-square end-to-end distance of polyacrylonitrile chains in dimethylformamide at 25 °C of $(\bar{r}_0^2)^{1/2} = 1{,}00 \cdot 10^{-8}\, M^{1/2}$. The correction factors accounting for the effect of the molecular weight distribution on the expansion coefficient, as shown previously, reduce the differences in slope of $[\eta]$ versus M in the *Stockmayer/Fixman* plot.

1. *Einleitung*

Für Polyacrylnitril ist bisher eine große Zahl von $[\eta]$-M-Beziehungen veröffentlicht worden, die z. T. mangelhaft übereinstimmen. *Ulbricht* [1] verglich alle Beziehungen, in denen die Grenzviskositätszahl $[\eta]$ mit dem Massenmittel der rel. Molekülmasse korreliert wurde, und stellte fest, daß die meisten Werte im doppelt logarithmischen Koordinatensystem durch die von *Cleland* und *Stockmayer* [2] aufgestellte Beziehung

$$[\eta] = 2{,}33 \cdot 10^{-4}\, M_w^{0{,}75} \tag{1}$$

gut wiedergegeben werden. Andere Beziehungen, deren rel. Molekülmassen z. T. mit anderen Bestimmungsmethoden gemessen wurden und denen z. T. verschieden hergestellte Polymere, die demzufolge verschiedene Verteilungen der rel. Molekülmassen aufweisen, zugrunde lagen, weichen von Gleichung (1) oft erheblich ab. Ein Grund dafür kann in dem Einfluß liegen, den die Verteilung der rel. Molekülmassen auf die Bestimmung der rel. Molekülmasse und der Grenzviskositätszahl ausübt. In dieser Mitteilung soll daher versucht werden, diesen Einfluß der Verteilung auf die $[\eta]$-M-Beziehung des Polyacrylnitrils quantitativ zu bestimmen.

2. *Theorie*

Nach *Flory* [3] gilt für die Beziehungen zwischen der Grenzviskositätszahl $[\eta]$ eines Polymeren und seinen molekularen Dimensionen das folgende Gleichungssystem:

$$[\eta] = [\eta]_\Theta\, \alpha_\eta^3, \qquad [\eta]_\Theta = K M^{1/2}, \qquad K = \Phi_0 A^3. \tag{2}$$

Dabei ist $[\eta]_\Theta$ die Grenzviskositätszahl in einem Theta-Lösungsmittel, $A = (\overline{r_0^2}/M)^{1/2}$ der Nahbereichswechselwirkungsparameter, der für jedes Polymere konstant ist, M die Molmasse, r_0 der ungestörte Fadenendenabstand der statistisch geknäulten Polymerkette und Φ_0 die *Flory/Fox*-Universalkonstante, die von *Kirkwood* und *Rizeman* [4] zu $2{,}87 \cdot 10^{23}$ (cgs) berechnet wurde. α ist der intramolekulare Expansionskoeffizient. Er berücksichtigt die Abweichungen von den ungestörten (der Irrflugstatistik gehorchenden) Dimensionen der Polymermoleküle. Z. B. gilt für das Mittel des quadrierten Fadenendenabstandes $\overline{r^2} = \overline{r_0^2}\alpha_r^2$.

Der für die hydrodynamischen Eigenschaften gültige Expansionskoeffizient α_η ist stets etwas kleiner als der für die Radien geltende, $\alpha_\eta \leqq \alpha_r$, d. h. der hydrodynamische Radius einer Polymerkette nimmt z. B. mit der rel. Molekülmasse weniger schnell zu als der Radius des statistischen Knäuels. Für den Expansionsfaktor existieren eine Reihe halbempirischer Ausdrücke. Eine exakte Ableitung fehlt bisher. *Kurata* [5] hält folgende Gleichungen für genügend zuverlässig:

$$\alpha_r^3 = 1 + 2z, \tag{3}$$

$$\alpha_\eta^3 = 1 + 1{,}55z. \tag{4}$$

Die Berechnung von z erfolgt dabei nach

$$z = \left(\frac{3}{2\pi}\right)^{3/2} B A^{-3} M^{1/2}. \tag{5}$$

α^3 ist also in der Form $\alpha^3 = 1 + Z M^{1/2}$ von der rel. Molekülmasse abhängig, wobei Z aus den Gleichungen (5) und (3) bzw. (4) zu erhalten ist. B ist der Weitbereichswechselwirkungsparameter, in dem die thermodynamischen

Wechselwirkungen zwischen Polymerem und Lösungsmittel enthalten sind.

Aus den Gleichungen (2), (4) und (5) leiten *Stockmayer* und *Fixman* [6] eine Gleichung ab, in der der Einfluß der Nah- und Weitbereichswechselwirkung getrennt erscheint:

$$\frac{[\eta]}{M^{1/2}} = K + 0{,}51 \Phi_0 B M^{1/2}. \qquad (6)$$

Mit Gleichung (6) kann man also aus Messungen in guten Lösungsmitteln auf die ungestörten Dimensionen der Polymermoleküle schließen. Man trägt dazu $[\eta]/M^{1/2}$ gegen $M^{1/2}$ auf und extrapoliert die die Meßpunkte beschreibende Gerade auf $M = 0$. Aus dem Ordinatenabschnitt berechnet sich dann mit Gleichung (2) A und aus der Neigung der Geraden B.

Die Methoden, mit denen rel. Molekülmasse und Grenzviskositätszahl bestimmt werden, bilden verschiedene Mittelwerte. Da Polymere keine molekulareinheitlichen Substanzen darstellen, sondern stets eine mehr oder weniger breite Verteilung der rel. Molekülmassen besitzen, erhält man je nach der Verteilung bei den verwendeten Polymeren verschiedene Werte für A und B.

Newman u. Mitarb. [7] leiteten ab, daß die Grenzviskositätszahl den Quotient aus den Zahlenmitteln verlange:

$$[\eta] = \Phi_0 \frac{\langle (\overline{r^2})^{3/2} \rangle_n}{\langle M \rangle_n}. \qquad (7)$$

Newman u. Mitarb., *Kurata* und *Stockmayer* [8] sowie *Fritzsche* [9] berechneten Korrekturfaktoren, die von anderen Mittelwerten und unter Berücksichtigung verschiedener Verteilungsfunktionen der rel. Molekülmassen auf die in Gleichung (7) verlangten Mittelwerte korrigieren. Wenn die Abweichungen zwischen den verschiedenen veröffentlichten $[\eta]$-M-Beziehungen auf diesen Einfluß der Verteilung der rel. Molekülmassen und die verschiedenen Mittelwertsbildungen der einzelnen Methoden ihrer Bestimmung zurückgeführt werden können, müßten mit den Korrekturfaktoren aus diesen unterschiedlichen $[\eta]$-M-Beziehungen übereinstimmende Werte für A und B erhalten werden.

Die Korrekturfaktoren berechnen sich für eine Verteilungsfunktion der rel. Molekülmassen nach *Tung* $w(P) = by\,P^{b-1} e^{-yP^b}$ zu [9]:

$$q_n = \frac{1}{\Gamma(1/2b + 1)\,[\Gamma(1 - 1/b)]^{1/2}}, \qquad (8)$$

$$q_w = \frac{[\Gamma(1/b + 1)]^{1/2}}{\Gamma(1/2\,b + 1)}, \qquad (9)$$

$$q_{n_\alpha} = q_n \frac{\left[1 + \dfrac{2Z}{3y^{1/2b}}\,\Gamma(1/2\,b + 1)\right]^{3/2}}{1 + \dfrac{Z\,\Gamma(1/b + 1)}{y^{1/2b}\,\Gamma(1/2\,b + 1)}}, \qquad (10)$$

$$q_{w_\alpha} = q_w \frac{\left[1 + \dfrac{2Z\,\Gamma(3/2\,b + 1)}{3y^{1/2b}\,\Gamma(1/b + 1)}\right]^{3/2}}{1 + \dfrac{Z\,\Gamma(1/b + 1)}{y^{1/2b}\,\Gamma(1/2\,b + 1)}}. \qquad (11)$$

Die Korrekturfaktoren q_n gelten für osmotisch und q_w für durch Lichtstreuung gemessenene rel. Molekülmassen. Index α deutet an, daß bei der Ableitung dieser Faktoren die Abhängigkeit des linearen Expansionskoeffizienten α von der rel. Molekülmasse berücksichtigt wurde.

3. *Die Beziehungen zwischen Grenzviskositätszahl und rel. Molekülmasse von Polyacrylnitril*

Die $[\eta]$-M-Beziehungen des Polyacrylnitrils, bei denen die rel. Molekülmasse entweder osmotisch oder durch Lichtstreuung bestimmt wurde, sind in ein *Stockmayer/Fixman*-Diagramm eingetragen worden (Bild 1). Die Erläuterung der Zeichen erfolgt in den Tabellen 1 und 2. In ihnen ist angegeben, von welchen Autoren die eingezeichneten Werte stammen, wie die Polymeren hergestellt wurden und ob Fraktionen oder unfraktionierte Proben gemessen wurden. Schließlich sind in ihnen noch die durch die Methode der kleinsten Fehlerquadratsumme ermittelten Konstanten der in Bild 1 eingezeichneten Geraden aufgeführt.

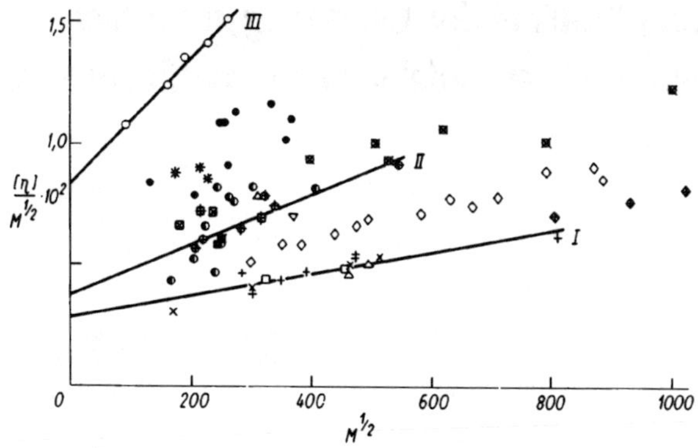

Bild 1. $[\eta]$-M-Beziehungen von Polyacrylnitril (Zeichenerklärungen s. Tabellen 1 und 2)

In Bild 1 sind drei Werte, deren rel. Molekülmasse durch Lichtstreuung bestimmt wurden, nicht mit aufgenommen worden. Der eine Wert von *Krigbaum* und *Kotliar* stammt als einziger von einem unfraktionierten Suspensionspolymerisat. Die beiden anderen Werte von *Peebles* liegen weit außerhalb der in Bild 1 eingezeichneten Gerade. Nach Ansicht dieses Autors liegen vernetzte Polymere vor. Von den in der Literatur gefundenen osmotisch gemessenen Werten sind alle in Bild 1 eingetragen. Die Werte sind in Dimethylformamid bei 25 °C gemessen worden, mit Ausnahme der Werte von *Frind* (20 °C) und von *Fujisaki* und *Kobayashi* (35 °C).

Betrachtet man die durch Lichtstreuung bestimmten Werte in Bild 1, so ergibt sich folgendes: Die Meßwerte teilen sich deutlich in zwei Gruppen. Die eine besteht aus den Werten von *Fujisaki* und *Kobayashi* und die andere, darunter liegende, aus denen der anderen in Tabelle 1 erwähnten Autoren. Die letzte Wertegruppe läßt sich recht gut durch die Gerade I beschreiben. Ihre Gleichung

$$\frac{[\eta]}{M_w^{1/2}} = 2{,}79 \cdot 10^{-3} + 4{,}60 \cdot 10^{-6}\, M_w^{1/2} \qquad (12)$$

gilt also für alle bei 25 °C in Dimethylformamid und durch Lichtstreuung gemessenen Werte. Die hier verwendeten Proben sind unfraktionierte Lösungspolymerisate oder fraktionierte Suspensionspolymerisate. Auf Grund des vorliegenden Materials kann daher allerdings nicht entschieden werden, ob Gleichung (12) auch für unfraktionierte Suspensionspolymerisate gilt.

Die osmotisch bestimmten Werte in Bild 1 weisen eine erheblich größere Streuung auf als die durch Lichtstreuung bestimmten. *Onyon* [10] stellte fest, daß seine Meßpunkte durch eine Gleichung beschrieben

Tabelle 1. $[\eta]$-M_w-Beziehungen des Polyacrylnitrils

Zeichen	Lit.	Polymerisationsart	Initiator	Proben waren	$K \cdot 10^3$	$C \cdot 10^6$
×	[1]	Lsg. in Succinonitril	AIBN	nicht frakt.	2,79 (Gerade I)	4,60
+	[10]	Lsg. in DMF	AIBN	nicht frakt.		
□	[11]	Suspension in H_2O	PS + BS	frakt.		
△	[12]	Nicht eindeutig		nicht frakt.		
◇	[13]	Suspension in H_2O	PS + BS	frakt.	3,55	6,21
⊕	[13]	Suspension in H_2O	AIBN	frakt.		

Zeichenerklärungen zu den Tabellen 1 und 2:

AIBN — Azoisobutyronitril, PS — Peroxydisulfat, BS — Hydrogensulfit bzw. Disulfit, DMF — Dimethylformamid, BPO — Benzoylperoxid, K und C — Konstanten in der *Stockmayer/Fixman*-Gleichung: $[\eta]/M^{1/2} = K + CM^{1/2}$

Tabelle 2. $[\eta]$-M_n-Beziehungen des Polyacrylnitrils

Zeichen	Lit.	Polymerisationsart	Initiator	Proben waren	$K \cdot 10^3$	$C \cdot 10^6$
○	[14]	Suspension in H_2O	PS + BS	nicht frakt.	8,32 (Gerade III)	25,7
⊕	[10]	Lsg. in DMF	AIBN	nicht frakt.	3,73 (Gerade II)	10,45
⊞	[11]	Suspension in H_2O		frakt.		
⊠	[11]	Lsg. in DMF	PS + BS	nicht frakt.		
◁	[12]	nicht eindeutig		nicht frakt.		
▽	[12]	nicht eindeutig		frakt.		
*	[11]	Suspension in H_2O	PS + BS	nicht frakt.		
⊙	[15]	Substanz	BPO	nicht frakt.		
◐	[15]	Lsg. in DMF	AIBN BPO	nicht frakt.		
•	[16]	nicht angegeben		frakt.		

werden, die sich aus der Gleichung (1) von *Cleland* und *Stockmayer* mit $M_w/M_n = 2$ ergibt.

Die Gleichung für Gerade II

$$\frac{[\eta]}{M_n^{1/2}} = 3{,}73 \cdot 10^{-3} + 10{,}45 \cdot 10^{-6} M_n^{1/2} \qquad (13)$$

wurde deshalb nur aus diesen Meßpunkten von *Onyon* berechnet. Zum Vergleich soll hier ebenfalls in Gleichung (12) $M_w = 2 M_n$ gesetzt werden. Es ergibt sich $K = 3{,}95 \cdot 10^{-3}$ und $C = 9{,}20 \cdot 10^{-6}$. Auch hier ist also eine gewisse Übereinstimmung zu erkennen.

Die Gerade II beschreibt neben den Meßwerten von *Onyon* [10] noch Werte von *Krigbaum* und *Kotliar* und *Peebles*, wenn man berücksichtigt, daß die Streuung bei den osmotischen Messungen generell etwas größer zu sein scheint als bei Lichtstreuungsmessungen. Durch Gerade II werden die Meßwerte von *Houtz* und drei Werte von *Krigbaum* und *Kotliar* und *Onyon* [15] nicht beschrieben. Die Substanzpolymerisate von *Onyon* würden eine gekrümmte Fortsetzung der Geraden II erfordern, während die Lösungspolymerisate von *Onyon* [15] und die Werte von *Houtz* eine zu große Streuung aufweisen. Die drei Werte von *Krigbaum* und *Kotliar* liegen weit ab von der Geraden II innerhalb der *Houtz*schen Werte. Bei der Betrachtung der osmotisch gemessenen Werte kommt man also zu dem Schluß, daß hier ein Einfluß vorliegen muß, der die Übereinstimmung der Meßwerte empfindlich stört. Wie später noch gezeigt wird, dürfte dieser Einfluß in der größeren Abhängigkeit der Zahlenmittelwerte der rel. Molekülmasse von ihrer Verteilung zu suchen sein.

Weit oberhalb aller bisher betrachteten Meßwerte liegen die von *Frind*, die durch die Gerade III mit der Gleichung:

$$\frac{[\eta]}{M_n^{1/2}} = 8{,}32 \cdot 10^{-3} + 25{,}7 \cdot 10^{-6} M_n^{1/2} \qquad (14)$$

beschrieben werden.

4. Berechnung der Moleküldimensionen

4.1. Nahbereichswechselwirkungsparameter A

Aus den Ordinatenabschnitten der Geraden I, II und III errechnet sich nach Gleichung (2) der ungestörte Fadenendenabstand des statistischen Polymerknäuels. Man erhält so drei voneinander sehr verschiedene Werte. Diese sollen hier mit Hilfe der früher veröffentlichten Faktoren q korrigiert werden. Nimmt man wieder mit *Onyon* [10] für Fraktionen und Lösungspolymerisate $M_w/M_n = 2$ an, so erhält man mit den in Tabelle 2 der früheren Mitteilung [9] angegebenen Werten $q_n = 0{,}748$ und $q_w = 1{,}054$ aus den Ordinatenabschnitten der Geraden I und II:

$$A = \left(\frac{Kq}{\Phi_0}\right)^{1/3},$$

$$A_{\rm I} = 1{,}01 \cdot 10^{-8} \text{ und } A_{\rm II} = 0{,}99 \cdot 10^{-8}.$$

Die beiden Werte stimmen gut überein. Daraus ergibt sich, daß der ungestörte Fadenendenabstand der Polyacrylnitrilkette bei Berücksichtigung des Einflusses der Verteilung der rel. Molekülmassen auf die Bestimmung dieser Größe der Gleichung

$$(\overline{r_0^2})^{1/2} = 1{,}00 \cdot 10^{-8} M^{1/2} \text{ cm} \qquad (15)$$

gehorcht. Er ist damit um 7% höher als der von *Kurata* und *Stockmayer* [8] tabellierte Wert.

Die Gerade III verbindet Meßwerte, die an unfraktionierten Suspensionspolymerisaten erhalten wurden. Wir hatten nun gefunden [17], daß derart hergestellte Polymerisate sehr breite Verteilungen der rel. Molekülmassen besitzen können. Berechnet man mit $q_n = 0{,}348$ (für $M_w/M_n = 10$) den Fadenendenabstand, so erhält man in Übereinstimmung mit Gleichung (15) $A_{\rm III} = 1{,}00 \cdot 10^{-8}$. Die Beweiskraft dieses Wertes ist allerdings nicht sehr groß, da die Uneinheitlichkeit der von *Frind* verwendeten Polymeren nicht mehr gemessen werden kann.

Die Übereinstimmung der drei aus den Ordinatenabschnitten berechneten Fadenendenabstände ist jedoch insofern bemerkenswert, als sie zeigt, daß die unterschiedlichen Ordinatenabschnitte der Geraden I, II und III auf die verschiedenen Mittelwertsbildungen der Bestimmungsmethoden für die rel. Molekülmassen und somit auf die Verteilung der rel. Molekülmassen der untersuchten Polymeren zurückzuführen sind. Aus der Tabelle 2 in [9] geht außerdem hervor, daß q_w wesentlich weniger von der Verteilung abhängt als q_n. Die Lage der osmotisch gemessenen Punkte in Bild 1 ist also vielmehr von der Uneinheitlichkeit der verwendeten Polymeren abhängig als die der durch Lichtstreuung gemessenen. Damit ist auch erklärt, weswegen die durch Lichtstreuung bestimmten Werte besser übereinstimmen als die osmotisch gemessenen. Die bei der Herstellung bzw. Fraktionierung zweifellos entstandenen verschiedenen Uneinheitlichkeiten der Polymerproben wirken sich hier viel stärker aus als dort.

Nach diesen Ergebnissen muß die Lage der Werte von *Houtz* und der drei Werte von *Krigbaum* und *Kotliar* zwischen den Geraden II und III darauf zurückzuführen sein, daß hier Polymere mit breiterer Verteilung der rel. Molekülmassen als die Lösungspolymerisate von z. B. *Onyon* [10], aber engerer Verteilung als die Suspensionspolymerisate von *Frind* vorlagen.

4.2. *Weitbereichswechselwirkungsparameter B*

Der Parameter B berechnet sich mit Gleichung (6) aus der Neigung der Geraden im *Stockmayer/Fixman*-Diagramm. Wie aus Bild 1 und Tabelle 3 zu sehen ist, erhält man aus den Geraden I, II und III verschiedene Werte für B. Berücksichtigt man die Korrekturfaktoren q bei der Berechnung von B, so ergeben sich andere Werte, die ebenfalls in Tabelle 3 eingetragen sind.

Die B-Werte rücken zwar näher zusammen, eine Übereinstimmung wird aber nicht erzielt. Daher soll geprüft werden, ob sich durch Einführen der q_α-Werte, die den Einfluß der rel. Molekülmasse noch zusätzlich berücksichtigen, die Differenzen verringern. Will man die Gleichungen (10) und (11) anwenden, so muß man Z kennen. Aus Bild 1 der früheren Veröffentlichung [9] ist ersichtlich, daß die q_α/q-Quotienten für das Zahlenmittel und eine relativ enge Verteilung der rel. Molekülmassen des Polymeren am geringsten sind. Deshalb wurde aus dem mit q korrigierten B-Wert der Geraden II mit den Gleichungen (5) und (3) Z errechnet:

$$Z = 3{,}524 \cdot 10^{-3}.$$

Bei der Ableitung der Gleichungen (10) und (11) wurde eine Näherungsgleichung für α^2 (Gleichung (19) aus [9]) verwendet. Mit dem hier ermittelten Wert für Z liegt die Abweichung des aus Gleichung (19) aus [9]

Tabelle 3. B-Werte von Polyacrylnitril

Gerade	B-Werte ($\cdot 10^{27}$) aus Bild 1	B-Werte ($\cdot 10^{27}$) korrigiert
I	3,14	3,31
II	7,14	5,34
III	17,56	6,11

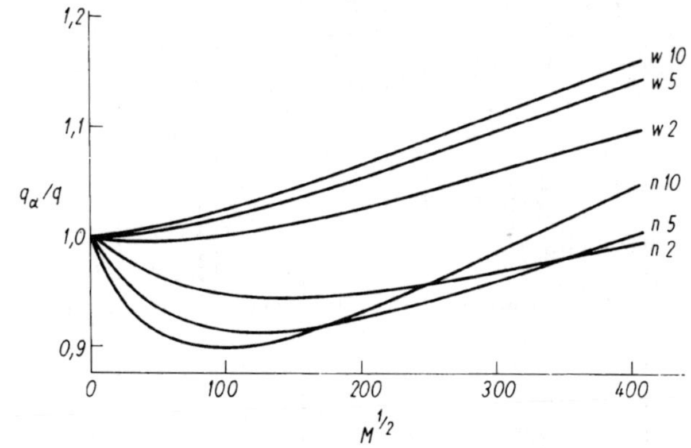

Bild 2. Korrekturfaktoren q_α in Abhängigkeit von der rel. Molekülmasse. Kurvenbezeichnung: n — Gleichung (10a); w — Gleichung (11a); Ziffern — M_w/M_n. $Z = 3{,}524 \cdot 10^{-3}$

berechneten α^2 von dem aus α^3 berechneten für eine rel. Molekülmasse von $M = 100000$ bereits bei 6% und steigt mit zunehmender rel. Molekülmasse weiter an. Die graphisch ermittelte Gleichung

$$\alpha^2 = 1 + 0{,}590 \cdot Z M^{1/2} \tag{16}$$

schneidet die exakte Kurve für $\alpha^2 = (1 + Z\,M^{1/2})^{2/3}$ bei ca. $M = 70000$ und stimmt mit ihr bis zu $M = 160000$ besser als 2% überein. Verwendet man Gleichung (16) anstatt Gleichung (19) aus [9] bei der Ableitung von q_α, so ändert sich in den Gleichungen (10) und (11) lediglich der Faktor im Zähler von 2/3 auf 0,590. Im weiteren bezeichnen wir die so geänderten Gleichungen mit (10a) und (11a). Sie sind in Bild 2 aufgetragen.

Die Gleichungen (10a) und (11a) gelten allerdings nur in dem Bereich der rel. Molekülmassen, in dem auch die Näherungsgleichungen für α^2 genügend genau sind. Will man sehr große Bereiche betrachten, so muß man u. U. mit verschiedenen Näherungsgleichungen für α^2 verschiedene Gleichungen für q_α ableiten, die jeweils für einen anderen Bereich der rel. Molekülmassen gültig sind.

Korrigiert man nun die Geraden in Bild 1 punktweise mit den aus Bild 2 entnommenen q_α-Werten, so erhält man Bild 3. Aus den Geraden sind jetzt leicht nach oben gekrümmte Kurven geworden, deren Schnittpunkte mit der Ordinate weitgehend übereinstimmen. Nach höheren rel. Molekülmassen spreizen sie etwas auseinander. Betrachtet man diejenigen Ausschnitte aus

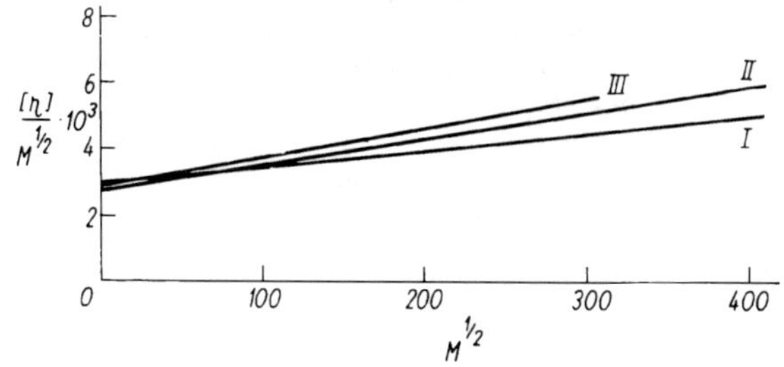

Bild 3. α-korrigierte Geraden aus Bild 1

Tabelle 4. Neigungen der $[\eta]$-M-Beziehungen im Stockmayer/Fixman-Diagramm

Gerade	Neigung unkorrigiert	korrigiert	α-korrigiert
I	4,60	4,85	5,64
II	10,45	7,82	8,11
III	25,7	8,94	9,20

den Kurven in Bild 3 als linear, in denen die meisten Meßwerte liegen, so sind deren Neigungen etwas größer als die der nur durch q korrigierten Geraden des Bildes 1.

Die verschiedenen Neigungen sind in Tabelle 4 zusammengestellt. Die als linear betrachteten Bereiche liegen für die Geraden I und II bei $M = 40000$ bis 160000 und der Bereich der Gerade III liegt bei $M =$ 10000 bis 90000.

Aus der Tabelle 4 ist zu sehen, daß die durch die Abhängigkeit des Expansionskoeffizienten α von der rel. Molekülmasse bedingte Korrektur (α-Korrektur) bei den Massemittelwerten erheblich ist. Bei den Zahlenmitteln ist sie dagegen gering und im Vergleich mit den experimentellen Fehlern vernachlässigbar. Die Übereinstimmung der Neigungen der Geraden wird durch die Korrekturen besser. Eine gute Übereinstimmung wie bei den Ordinatenabschnitten wird allerdings nicht erreicht. Man muß daraus schließen, daß die Verteilung der rel. Molekülmassen einen wesentlichen Einfluß auch auf die Neigung der Geraden im *Stockmayer/Fixman*-Diagramm und damit auf den Weitbereichsparameter B besitzt. Zur vollständigen Erklärung der Abweichungen reicht ihr Einfluß jedoch nicht aus.

Schließlich sei noch darauf hingewiesen, daß die hier abgeleitete leichte Krümmung nach oben der Kurven in Bild 3 eine leichte Krümmung nach unten der unkorrigierten experimentellen Werte im *Stockmayer/Fixman*-Diagramm verlangt. Denn nur dann können nach der Korrektur Geraden erhalten werden, wie es die zugrunde liegende Theorie verlangt. Einen Hinweis auf eine entsprechende Krümmung bieten die Substanzpolymerisate von *Onyon* [15], die die Gerade II in Bild 1 u. U. leicht abwärts gekrümmt fortsetzen könnten, sowie kürzlich von *Kamide* [18] veröffentlichte Ergebnisse.

Literatur

[1] *Ulbricht, J.:* Über die Lösungspolymerisation des Acrylnitrils, Habilitationsschrift, Technische Hochschule für Chemie, Fakultät für Stoffwirtschaft, Merseburg 1964.
[2] *Cleland, R. L.,* und *Stockmayer, W. H.:* An intrinsic viscosity-molecular weight relation for polyacrylonitrile. J. Polymer Sci. **17** (1955) S. 473–477.
[3] *Flory, P. J.:* Principles of polymer chemistry. Ithaca/New York: Cornell University Press 1953, S. 612.
[4] *Kirkwood, J. G.,* und *Riseman, J.:* J. chem. Physics **16** (1948) S. 565. Zitiert nach [8], S. 218.
[5] *Kurata, M.:* Some recent aspects in polymer solution theory, Spezial-Vortrag auf dem Internat. Symposium über Makromolekulare Chemie, Prag 1965. Macromolecular Chemistry-2, London: Butterworths 1966, S. 587–602.
[6] *Stockmayer, W. H.,* und *Fixman, M.:* On the estimation of unperturbed dimensions from intrinsic viscosities. J. Polymer Sci., C: Polymer Symposia **1** (1963) S. 137 bis 141.
[7] *Newman, S., Krigbaum, W. R., Laugier, C.,* und *Flory, P. J.:* Molecular dimensions in relation to intrinsic viscosities. J. Polymer Sci. **14** (1954) S. 451–462.
[8] *Kurata, M.,* und *Stockmayer, W. H.:* Intrinsic viscosities and unperturbed dimensions of long chain molecules. Fortschr. Hochpolymeren-Forsch. **3** (1961–1964) S. 196–312.
[9] *Fritzsche, P.:* Einfluß der Verteilung der rel. Molekülmassen auf die $[\eta]$-M-Beziehungen bei Polymeren, Faserforsch. u. Textiltechnik **19** (1968) 11, S. 505–508.
[10] *Onyon, P. F.:* Molecular weights and intrinsic viscosity of solution polymerized polyacrylonitrile. J. Polymer Sci. **37** (1959) S. 315–317.
[11] *Krigbaum, W. R.,* und *Kotliar, A. M.:* The molecular weight of polyacrylonitrile. J. Polymer Sci. **32** (1958) S. 323–341.
[12] *Peebles, L. H.:* Branching in polyacrylonitrile. J. amer. chem. Soc. **80** (1958) S. 5603–5607.
[13] *Fujisaki, Y.,* und *Kobayashi, H.:* A study on polyacrylonitrile solution. II. Molecular weight dependence of intrinsic viscosity, second virial coefficient and end-to-end distance of polymer chain. Kobunshi Kagaku, Tokyo (Chem. High Polymers) **19** (1962) S. 73–81.
[14] *Frind, H.:* Die Bestimmung des Molekulargewichts von Polyacrylnitrilen. Faserforsch. u. Textiltechnik **5** (1954) S. 540–553.
[15] *Onyon, P. F.:* The molecular weight-viscosity relation for polyacrylonitrile. J. Polymer Sci. **22** (1956) S. 13–18.
[16] *Houtz, R. C.:* „Orlon" acrylic Fiber: Chemistry and properties. Textile Res. J. **20** (1950) S. 786–801.
[17] *Fritzsche, P.:* unveröffentlichte Versuche.
[18] *Kamide, K., Kobayshi, H., Miyazahi, Y.,* und *Nakayama, C.:* Influence of the polymerization conditions on the dilute solution properties of polyacrylonitrile. Kobunshi Kagaku, Tokyo (Chem. High Polymers) **24** (1967) S. 679–698.

Eingegangen am 28. Mai 1968

Faserforschung und Textiltechnik 19 (1968) Heft 12

Mikroskopischer Nachweis der Schlichteverteilung in Chemieseiden

Runhild Landgraf

130. Mitteilung aus dem Institut für Textiltechnologie der Chemiefasern, Rudolstadt-Schwarza (Direktor Dipl.-Ing. H. Bürger)

DK 677.4—042.2:677.024.15:535.827.2.08

Es wird beschrieben, wie an fabrikationsgeschlichteten Chemieseiden nachträglich der Schlichteeffekt mikroskopisch nachgewiesen werden kann. Die Schlichte verbindet die Elementarfäden miteinander in Form von Stegen. Ein den Faden umhüllender Film konnte nicht festgestellt werden.

Микроскопическое обнаружение распределения шлихты в филаментарных нитях химических волокон

Описан микроскопический метод определения эффекта шлихтования филаментарных нитей из химических волокон после их обработки шлихтой в производственных условиях. Шлихта соединяет элементарные волокна в виде мостиков, не давая на поверхности волокна непрерывной пленки.

Microscopic Examination of the Distribution of Sizing Agents in Multifilament Yarns

A technique of microscopic examination of the sizing effect in multifilament yarns sized on industrial scale is presented. The sizing agent is shown to form bridges between the individual filaments rather than films wrapping the yarn.

1. *Einführung*

Für die Verarbeitung von Chemieseiden in der Weberei werden diese mit speziellen Substanzen behandelt, d. h. geschlichtet. Dabei werden die Elementarfäden der Seiden verklebt, so daß ein geschlossener Faden entsteht, der sich durch erhöhte Festigkeit und Scheuerbeständigkeit auszeichnet. Die Verarbeitungsfähigkeit dieser Seiden wird damit wesentlich verbessert.

Will man den Schlichteffekt am Faden (polyfile Seide) prüfen, so sind nur subjektive Prüfmethoden bekannt. Um dies zu verändern, sollte 1966/67 die Eindringtiefe der Schlichte in den Faden untersucht werden, wobei die Vorstellung [1 bis 3] bestand, daß der Faden von der Schlichte in Form eines Films umschlossen sei und die Untersuchungen belegen sollten, ob auch die Elementarfäden im Inneren des Fadens von der Schlichte erreicht bzw. umschlossen werden. Durch Anfärbung der Schlichte sollte eine Abgrenzung der Eindringtiefe sichtbar gemacht werden. Damit wäre dann eine nachträgliche Prüfung von geschlichtetem Material auf den Schlichteffekt bzw. die Verteilung der Schlichte im Faden möglich.

2. *Versuchsdurchführung*

Da für die genannte Aufgabenstellung die bekannten chemisch-analytischen Methoden nicht in Frage kamen, legten wir mikroskopische Untersuchungen [4] zugrunde. Anhand von Querschnitten sollte die Eindringtiefe in den Faden nachgewiesen werden. Vorerst wurden Untersuchungen an Cellulose-Regenerat-, und zwar zunächst Kupferseide vorgenommen, die mit einer Eiweißschlichte (47 g/l Filaturol EW und 1 g/l Limpigen) behandelt worden war. Es war ein Farbstoff auszuwählen, der Cellulose nicht färbt, wohl aber Eiweiß, und außerdem nicht wasserlöslich ist.

Es wurden mehrere Farbstoffe, in verschiedenen Konzentrationen und mit verschiedenen Lösungsmitteln angesetzt, auf den Querschnittspräparaten erprobt.

Im folgenden Abschnitt werden die Ergebnisse sowohl von Querschnittsuntersuchungen als auch von Untersuchungen längs der Elementarfäden mitgeteilt.

3. *Ergebnisse*

Alle Versuchsvarianten führten zu dem Ergebnis, daß ein den Faden umgebender Mantel bzw. Film nicht nachgewiesen werden konnte. Auch die Anfertigung von wesentlich stärkeren Schnitten sowie die Betrachtung von Querschnittsklötzchen im Auflicht brachte nicht das erwartete Bild.

Die im Anschluß daran durchgeführten Untersuchungen über Wechselbeziehungen zwischen Eiweißschlichte und Chemikalien, die bei der Querschnittsanfertigung bzw. Färbung einwirken, ergaben, daß unter Einhaltung bestimmter Bedingungen die Schlichte auf dem Präparat vorhanden sein muß.

3.1. *Ergebnisse der Querschnittsuntersuchungen*

3.1.1. *Cellulose-Regeneratseiden/Eiweißschlichte*

Es gelang dann, die Schlichte sichtbar zu machen, wobei durch zusätzliche Untersuchungen nachgewiesen werden konnte, daß es sich dabei nicht um Einflüsse der Querschnittsanfertigung, z. B. Einbettung handelt (Bild 1).

Als Beispiel sei eine Mikroquerschnittsaufnahme von KU—S Nm 75 (88), fabrikationsgeschlichtet, bei-

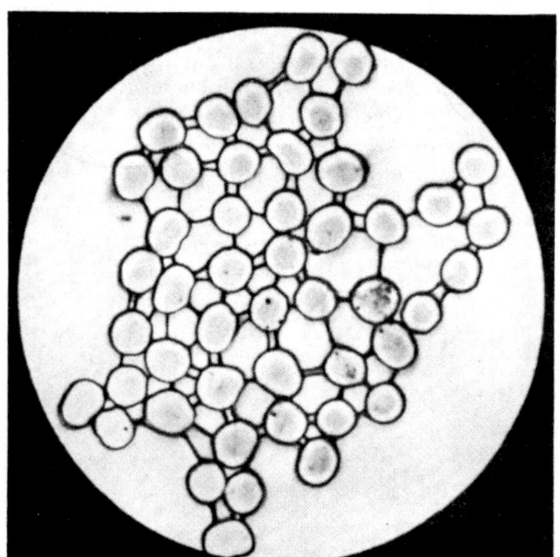

Bild 1. KU-S Nm 75 (88), fabrikationsgeschlichtet, Querschnitt mit Astrazonrot 6B gefärbt und 3 min in 96%igem Äthanol gespült, Vergr. 500:1
Schlichte: 47 g/l Filaturol EW, 1 g/l Limpigen

gefügt, die folgendermaßen hergestellt wurde: Einige Fäden KU—S werden eingebettet, mit Paraffin umgossen und geschnitten. Das Paraffin wird mittels Xylol abgelöst und das Präparat mit einer Farbstofflösung (Astrazonrot 6 B, 1 : 10 in Äthanol gelöst) bedeckt. Nach einer Einwirkungszeit von 1 h bei Zimmertemperatur wird der Farbstoff abgegossen und das Präparat einige Minuten in 96%igem Alkohol (Äthanol) gespült. Bei der nun folgenden mikroskopischen Betrachtung muß eine Überstrahlung des Präparates vermieden und nur auf die Stege fokussiert werden. Bei der fotografischen Wiedergabe muß zugunsten der Einstellung auf die Stege z. T. eine unscharfe Abbildung der Elementarfaden-Querschnitte in Kauf genommen werden. Bei einiger Erfahrung kann man auf eine Anfärbung verzichten, doch sind Aufnahmen dann nur schwer möglich.

Aus der Querschnittsbetrachtung ergibt sich, daß die reine Eiweißschlichte die Elementarfäden in Form von Stegen verbindet und nicht, wie ursprünglich angenommen, einen Film um den Faden (polyfile Seide) bzw. die Elementarfäden bildet (Bild 2).

Durch die Stege zwischen den Elementarfäden wird der Faden versteift und der Zusammenhalt der Elementarfäden bewirkt. Eine Beanspruchung des Fadens ruft dann einen teilweisen Bruch der Stege hervor und nicht, wie man bisher glaubte, ein Zerstören des Films. Bei einer gewissen Höhe der Beanspruchung lösen sich dann die Elementarfäden voneinander, der Faden teilt sich, oder es kommt auf Grund zu großer Spannungen zum Fadenbruch. Berücksichtigt man die angewendeten Konzentrationen (40 bis 50 g/l z. B.), so stellt die Schlichteflotte nur eine ca. 5%ige Lösung dar. Der Trocknungsprozeß, bei dem ca. 95% Wasser verdampft werden, bewirkt dann, daß sich Stege zwischen den Elementarfäden ausbilden, wobei die Größe der Adhäsion zwischen Schlichte und Faden so wie die Kohäsionskräfte innerhalb der Schlichte maßgebend sind. Es ist also kein den gesamten Faden umschließender Film nachzuweisen. Möglicherweise entstehen schon bei dem Abquetschen der Schlichteflotte vom Faden, also vor dem Trocknen, Hohlräume, wenn die Masse an Schlichteflotte, die der durch den Quetschdruck deformierte elliptische Faden enthält, nicht ausreicht, um anschließend den z. T. kreisförmigen Fadenquerschnitt auszufüllen.

Aus dem Querschnitt geht weiter hervor, daß die Schlichteflotte den gesamten Faden (polyfile Seide) durchdringt, da sich Stege zwischen den Elementarfäden sowohl im Inneren als auch am Rand des Fadens nachweisen lassen.

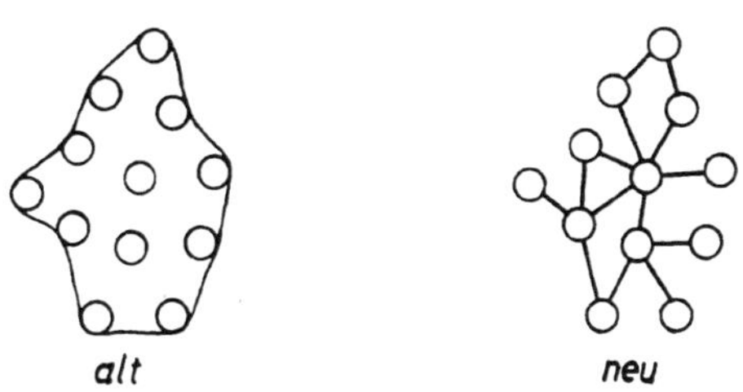

Bild 2. Prinzipskizze der Schlichteverteilung

Bild 3. VIS Nm 75 (30), geschlichtet, Vergr. 500:1
Schlichtekonzentration 20 g/l

Weitere Untersuchungen wurden an verschiedenen Cellulose-Regeneratseiden vorgenommen, die im Strang bzw. Elementarfaden mit unterschiedlichen Schlichtekonzentrationen (20 bis 70 g/l) behandelt worden waren. Bei allen Seiden konnten zwischen den Elementarfäden stegartige Verbindungen nachgewiesen werden, und zwar unabhängig von der Querschnittsform. Der Einfluß der Schlichtekonzentration ist jedoch anhand der Querschnitte deutlich erkennbar. Die Ausbildung der stegartigen Verbindungen zwischen den Elementarfäden nimmt mit höherer Konzentration sowohl zahlenmäßig stark zu als auch z. T. in der Ausdehnung. Als Beispiel werden die Mikroaufnahmen (Bild 3 und 4) von Viskoseseide Nm 75 (30), die mit 20 bzw. 70 g/l geschlichtet worden war, angegeben.

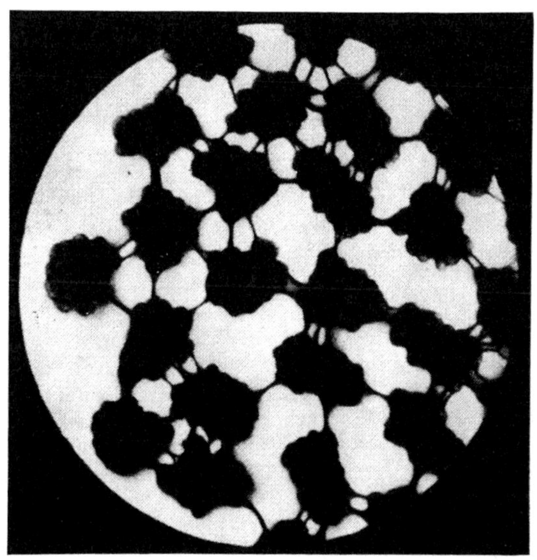

Bild 4. VIS Nm 75 (30), geschlichtet, Vergr. 500:1
Schlichtekonzentration 70 g/l

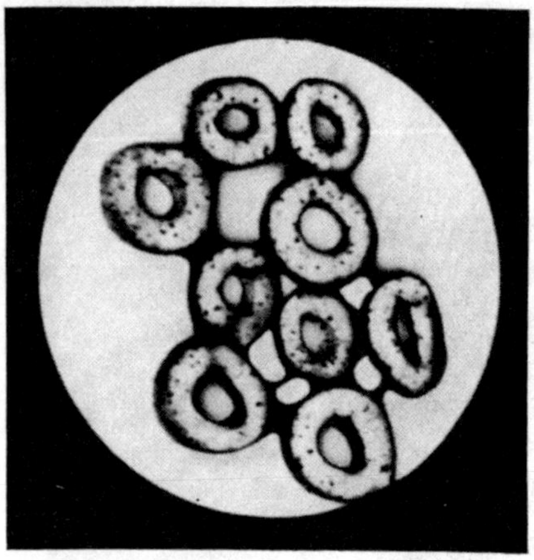

Bild 5. PAS-hohl Nm 300 (10), fabrikationsgeschlichtet, Vergr. 500:1
Schlichte: 15 g/l PAV, 55 g/l Filaturol 8 g/l Glycerin, 1 g/l Rolavin

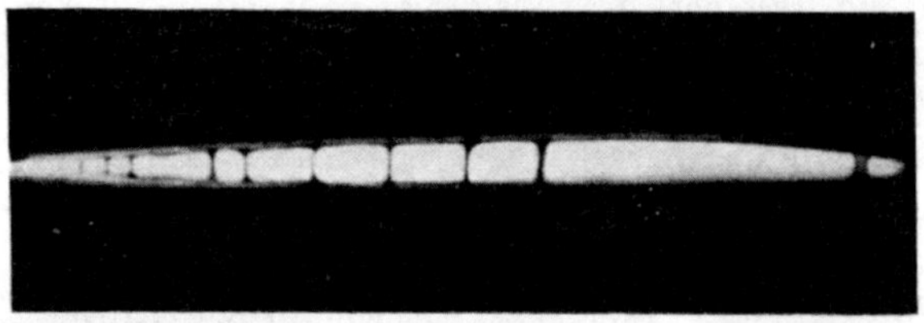

Bild 6

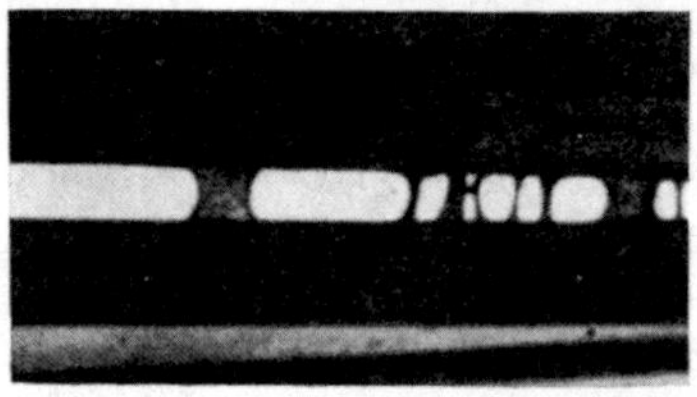

Bild 7

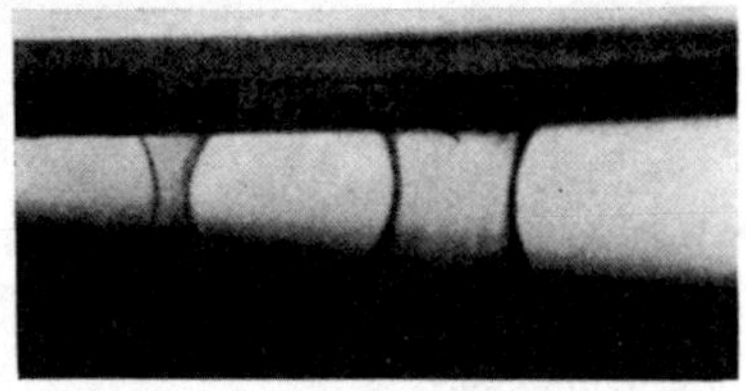

Bild 8

Bild 9 durch Beanspruchung getrennte Einzelfäden
Schlichte: 47 g/l Filaturol EW, 1 g/l Limpigen

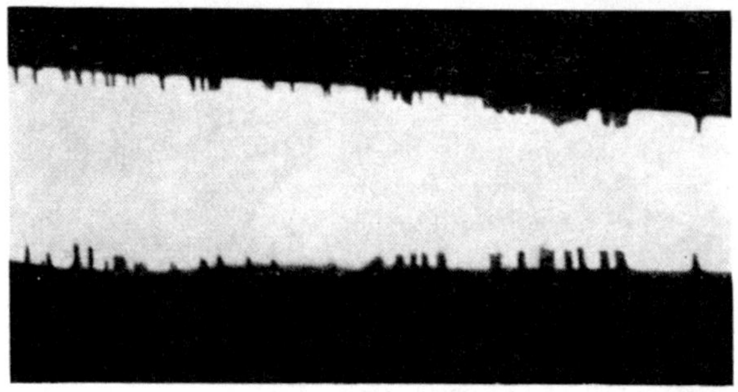

Bild 10

Bilder 6 bis 10. KU-S Nm 75 (88) fabrikationsgeschlichtet, mit Astrazonrot 6 B gefärbt und 1,5 min in 96%igem Äthanol gespült, Vergr. 500:1

3.1.2. *PAS-modifizierte Eiweißschlichte*

Wie bei den Cellulose-Regeneratseiden wurden auch bei Polyamidseide stegartige Verbindungen zwischen den Elementarfäden gefunden.

Bild 5 zeigt eine Mikroaufnahme von PAS-hohl, Nm 300 (10), die mit 15 g/l PVA, 55 g/l Filaturol, 8 g/l Glycerin und 1 g/l Rolavin geschlichtet worden war. Der gute Fadenschluß ist hierbei besonders deutlich, neben direkt verklebten Elementarfäden treten meist breitere Stege bzw. Verbindungen auf.

3.2. *Ergebnisse von Untersuchungen längs der Elementarfäden*

Nach den Querschnittsuntersuchungen wurden Untersuchungen längs des Fadens bzw. der Elementarfäden vorgenommen. Dabei wurden die Fäden 30 min mit Astrazonrot 6 B, 1 : 10 in Äthanol gelöst, bei Zimmertemperatur gefärbt, 1 min, 30 s in 96%igem Äthanol gespült und anschließend vorsichtig auseinanderpräpariert, um die Verhältnisse zwischen den Elementarfäden untersuchen zu können.

Die Ergebnisse bestätigen die im Querschnitt gefundenen Stegverbindungen, wobei längs der Elementarfäden neben schmaleren Stegen auch breitere Verbindungen, die man als Filmverbindungen bezeichnen könnte, nachzuweisen sind.

Die schmalen Verbindungen haben z. T. mehrere Ansatzpunkte an den entsprechenden Elementarfäden. Die folgenden Mikroaufnahmen (Bilder 6 bis 10) sollen die verschiedenen Formen demonstrieren.

4. *Schlußbetrachtung*

Durch die mikroskopischen Untersuchungen wurde für das von uns untersuchte Material die Erkenntnis gewonnen, daß nicht ein den Faden umgebender Film für den besseren Fadenschluß, die erhöhte Festigkeit und Scheuerbeständigkeit des geschlichteten Materials gegenüber dem ungeschlichteten maßgebend ist, sondern stegartige Verbindungen zwischen den Elementarfäden. Dies bildete die Grundlage für die Entwicklung einer apparativen Prüfmethode für den Schlichteffekt im Institut für Textiltechnologie der Chemiefasern, auf die hier jedoch nicht eingegangen werden soll.

Unsere Schlußfolgerungen wurden inzwischen von *Rozanov* und *Luk'janov* [5] durch ähnliche Ergebnisse bei Modellversuchen an Baumwollgarn bestätigt.

An dieser Stelle wird Herrn Textil-Ing. *R. Mönch* für die freundliche Unterstützung bei dieser Arbeit gedankt sowie Frl. *Bensch*, Fr. *Jagusch* und Frl. *Wolff* für die Durchführung der Versuche.

5. *Zusammenfassung*

1. Aus der Querschnittsuntersuchung ergibt sich, daß die reine Eiweißschlichte die Elementarfäden in Form von Stegen verbindet, und nicht, wie ursprünglich auf Grund der Literaturergebnisse angenommen, einen Film um den Faden (polyfile Seide) bzw. die Elementarfäden bildet.
2. Aus dem Querschnitt geht weiter hervor, daß die Schlichteflotte den gesamten Faden (polyfile Seide) durchdringt, da sich Stege zwischen den Elementarfäden sowohl im Inneren als auch am Rand des Fadens nachweisen lassen.
3. Längs der Elementarfäden sind neben schmalen Stegen auch breitere Verbindungen, die man als Filmverbindungen bezeichnen könnte, nachzuweisen.

Literatur

[1] Eiweißprodukte in der Schlichterei und Appretur. Spinner, Weber, Textilveredlung **81** (1963) 5, S. 452 bis 453.
[2] *Schmink, H.:* Einiges über Schlichtemittel. Prakt. Chemie, Wien **13** (1962) 8, S. 334–340.
[3] *Wegener, W.,* und *Wulfhorst, B.:* Eigenschaften ungeschlichteter und geschlichteter Garne unter besonderer Berücksichtigung der Eiweißprodukte. Textil-Praxis **19** (1964) 12, S. 1194–1204; **20** (1965) 1, S. 16–27; 3, S. 202–212; 4, S. 308–315.
[4] *Ramaszéder, K.:* Die Prüfung der Schlichtemittel. Spinner, Weber, Textilveredlung **84** (1966) 4, S. 395–400.
[5] *Rozanov, F. M.,* und *Luk'janov, N. P.:* Neuartige Behandlung einiger theoretischer Schlichteprobleme. Tekstil. Prom. Moskva (Textil-Ind.) **27** (1967) 10, S. 36 bis 39; dt. in: Sowj. Beitr. Faserforsch. Textiltechnik **5** (1968) 2, S. 87–90.

Eingegangen am 18. Juni 1968

Bestimmung periodischer Masseschwankungen in Chemieseiden

Teil II. Bestimmung der Wellenlänge periodischer Schwingungen[1])

Karlheinz Geitel

Institut für Textiltechnologie der Chemiefasern Rudolstadt-Schwarza (Direktor: Dipl.-Ing. H. Bürger)

DK 677.4–042.2:677.4.061.382:620.172.2.:535.12.08

6. Spektrogrammfehler und Auflösungsvermögen

6.1. Ursachen des Spektrogrammfehlers

Unabhängig von den Verhältnissen am Spektrographen, bei dem auf Grund der Aufzeichnung des Spektrums über Wellenlängenklassen nur eine näherungsweise Bestimmung der Wellenlänge einer periodischen Schwingung zu erwarten ist, besteht die Frage, mit welcher Genauigkeit grundsätzlich die Wellenlänge einer periodischen Schwingung erkannt werden kann. Während sich bei der Prüfung einer beliebigen textilen Eigenschaft die Gesamtstreuung des Ergebnisses aus der materialbedingten Streuung des betreffenden Merkmals und der durch Fehler bei der Messung bedingten Streuung zusammensetzt, liegt hier nur der letztgenannte Anteil vor; denn es soll eine persistente sinusförmige Schwingung betrachtet werden. Die Konstanz der Wellenlänge ist also Voraussetzung. Der Gesamtmeßfehler setzt sich hauptsächlich aus folgenden Teilfehlern zusammen:

I. Fehler durch Abweichung von der vorgegebenen Fadenabzugsgeschwindigkeit,
II. Fehler durch Dehnung des Fadens in der Meßstrecke,
III. Fehler bei der Aufzeichnung des Spektrogramms.

Auf Fehler, die in einer ungenügenden Justierung des Spektrographen begründet sind, sowie auf Fehler, die bei der kapazitiven Messung im Kondensator des Gleichmäßigkeitsprüfgeräts auftreten und selbstverständlich auch das Spektrum beeinflussen, soll hier nicht eingegangen werden.

Zu I.: Wie aus Beziehung (15) bekannt ist, verhält sich die Wellenlänge proportional zur Abzugsgeschwindigkeit. Ist zum Beispiel die Abzugsgeschwindigkeit größer als die Sollgeschwindigkeit, so muß der Lage eines bestimmten Spektrogrammausschlags auch eine größere Wellenlänge zugeordnet werden. Das für eine bestimmte Sollgeschwindigkeit aufgezeichnete Spektrogramm gibt also in diesem Fall eine zu kleine Wellenlänge an.

Zu II.: Wird der Faden zwischen Abzugswalzen und Ablaufspulenkörper gedehnt, so wird das Spektrogramm des gedehnten Fadens aufgenommen. Außerdem muß berücksichtigt werden, daß Abzugsgeschwindigkeit und Fadengeschwindigkeit im Meßschlitz nicht mehr übereinstimmen.

Zu III.: Bei der Aufzeichnung des Spektrogramms kann ein erheblicher Fehler durch Spiel in den Übertragungsmechanismen entstehen. Er kann durch ungenaues Ansetzen der Schreibfeder noch vergrößert werden. Es empfiehlt sich daher schon aus diesem Grunde, die Wellenlänge einer periodischen Schwingung nicht unmittelbar aus dem Spektrogramm abzulesen, sondern den aus der Frequenz des betreffenden Kanals und der Fadengeschwindigkeit im Meßschlitz sich ergebenden Wert zu benutzen.

Da die genannten Fehler eine beträchtliche Größe annehmen können, ihre Ursachen aber nicht in allen Fällen genügend beseitigt werden können, muß zur Erhöhung der Genauigkeit des Prüfergebnisses die aus dem Spektrogramm ermittelte Wellenlänge korrigiert werden.

6.2. Korrektur der ermittelten Wellenlänge

Unter Berücksichtigung der Verhältnisse am Meßschlitz erhält man für die Wellenlänge anstelle von (15)

$$\lambda\,(1 + \delta_M) = \frac{v_M}{f}; \tag{34}$$

δ_M = Dehnung des Fadens im Meßschlitz,
v_M = Fadengeschwindigkeit im Meßschlitz.

Zwischen der Fadengeschwindigkeit im Meßschlitz und der Ablaufgeschwindigkeit v_A von der Spule existiert der Zusammenhang

$$\frac{v_M}{v_A} = 1 + \delta_M. \tag{35}$$

Aus (34) und (35) ergibt sich

$$\lambda = \frac{v_A}{f}. \tag{36}$$

[1]) Teil I s. Faserforsch. u. Textiltechnik **19** (1968) 10, S. 452–459.

Analog zu (35) gilt

$$\frac{v_E}{v_A} = 1 + \delta_E. \tag{37}$$

Es bedeuten

v_E = Geschwindigkeit an den Abzugswalzen (Endgeschwindigkeit)
δ_E = Dehnung des Fadens an den Abzugswalzen

Damit erhält man aus (36)

$$\lambda = \frac{v_E}{f(1 + \delta_E)} \tag{38}$$

Die Wellenlänge ist also unabhängig von der Dehnung im Meßschlitz und der dort herrschenden Fadengeschwindigkeit. Sie wird allein von den Verhältnissen an den Abzugswalzen bestimmt. Die Abzugsgeschwindigkeit kann man durch die Sollgeschwindigkeit v_{Soll} ausdrücken:

$$v_E = v_{\text{Soll}}(1 + f_v), \tag{39}$$

wobei f_v die auf die Sollgeschwindigkeit bezogene Abweichung der Abzugsgeschwindigkeit von der Sollgeschwindigkeit darstellt.

Schließlich gilt für v_{Soll} und f analog zu (15)

$$\lambda_{\text{Soll}} = \frac{v_{\text{Soll}}}{f}, \tag{40}$$

so daß sich ergibt

$$\lambda = \lambda_{\text{Soll}} \frac{1 + f_v}{1 + \delta_E}. \tag{41}$$

Die Sollwerte der Wellenlängen der einzelnen Kanäle wurden für die möglichen Sollgeschwindigkeiten berechnet und tabelliert (Tabelle 2). Die dafür erforderlichen Frequenzen der Kanäle wurden aus der Drehzahl der Umpolscheiben im Zusammenhang mit (21) ermittelt.

Mit der Auswertung nach Formel (41) erhält man noch nicht die exakte Wellenlänge. Wie oben bereits dargelegt, entsteht ein starker Spektrogrammausschlag in einem einzelnen Kanal nur dann, wenn die Wellenlänge der beobachteten Schwingung in die Mitte des Kanals fällt. Im allgemeinen ergeben sich Ausschläge in mehreren benachbarten Kanälen, die bei der Auswertung berücksichtigt werden müssen. Das in der Uster-Anleitung [5] angedeutete Verfahren erwies sich jedoch als zu ungenau. Auch mehrere andere Auswerteverfahren auf Basis einer Mittelwertbildung über die Gesamtausschläge mehrerer Kanäle bzw. über die periodischen Anteile der Ausschläge mußten wieder verworfen werden. Als brauchbar erwies sich die Verwendung eines Korrekturfaktors, der in Abhängigkeit vom Verhältnis der beiden dem Maximalausschlag benachbarten Ausschläge ermittelt wurde.

Die Untersuchungen wurden mit Uster-Eichfilmen und selbstgefertigten Eichfilmen mit periodischen Schwingungen verschiedener Wellenlänge durchgeführt. Die Ergebnisse sind in Bild 11 dargestellt. In diesem Diagramm ist auf der Abszisse der Quotient h_o/h_u aufgetragen, wobei h_o der Ausschlag derjenigen Klasse ist,

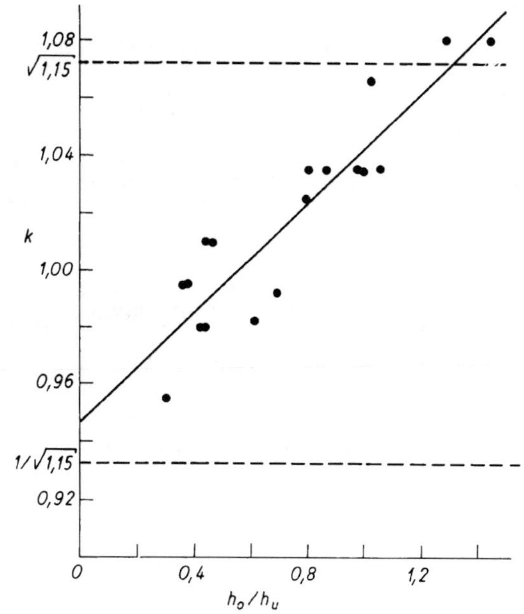

Bild 11. Korrekturfaktor k zur Bestimmung der Wellenlänge in Abhängigkeit von h_o/h_u

die der Klasse mit dem höchsten Ausschlag auf der langwelligen Seite benachbart ist; h_u ist der benachbarte Ausschlag in Richtung kürzerer Wellenlänge. Der auf der Ordinate aufgetragene Faktor k ist das Verhältnis der durch den jeweiligen Eichfilm vorgegebenen genauen Wellenlänge zu der aus dem Spektrogrammhöchstausschlag nach Tabelle 2 ermittelten Wellenlänge, wobei die Abweichung von der Sollgeschwindigkeit korrigiert wurde. Der Faktor k nimmt entsprechend der relativen Klassenbreite von 15% Werte im Bereich von $1/\sqrt{1,15}$ bis $\sqrt{1,15}$ an. Die durch den Punkthaufen nach der Methode der kleinsten Quadrate gelegte Gerade hat die Form

$$k = 0{,}0956 \frac{h_o}{h_u} + 0{,}9467. \tag{42}$$

Der Wert $k = 1$ ergibt sich nicht, wie vielleicht angenommen werden könnte, für $h_o/h_u = 1$, sondern für einen wesentlich kleineren Wert von h_o/h_u. Die Erklärung dafür ist in der asymmetrischen Form des Spektrums der Sinusschwingung zu finden.

Berücksichtigt man den Korrekturfaktor k in der oben abgeleiteten Formel (41) und setzt f_v und δ_E in Prozent ein, so erhält man für die Bestimmung der Wellenlänge folgende Beziehung

$$\lambda_{\text{korr}} = k \cdot \lambda_{\text{Soll}} \frac{100 + f_v}{100 + \delta_E}. \tag{43}$$

Darin bedeuten

k = Faktor in Abhängigkeit von den dem Spektrogrammhöchstausschlag benachbarten Ausschlägen,
λ_{Soll} = Wellenlänge, aus dem Spektrogrammhöchstausschlag unter Verwendung von Tabelle 2 ermittelt,

Tabelle 2. Sollwerte der Wellenlängen in Abhängigkeit von der Fadenabzugsgeschwindigkeit und der laufenden Nummer des Kanals

Lfd. Nr. der Kanäle i	Mittl. Frequenz [Hz] $f_i = f_1 \cdot \sqrt[5]{2}^{i-1} \approx f_1 \cdot 1{,}15^{i-1}$	Sollwert der Wellenlänge λ_{Soll} [cm] für Abzugsgeschwindigkeit v [m/min]							
		2	4	8	25	50	100	500	1000
1	0,167	20,0	40,0	80,0	250	500	1000	5000	10000
2	0,191	17,4	34,8	69,3	218	435	870	4350	8700
3	0,220	15,2	30,3	60,6	189	379	758	3790	7580
4	0,253	13,2	26,4	52,8	165	330	660	3300	6600
5	0,290	11,5	23,0	45,9	144	287	574	2870	5740
6	0,333	10,0	20,0	40,0	125	250	500	2500	5000
7	0,383	8,70	17,4	34,8	109	218	435	2180	4350
8	0,440	7,58	15,2	30,3	94,7	189	379	1890	3790
9	0,505	6,60	13,2	26,4	82,5	165	330	1650	3300
10	0,580	5,74	11,5	23,0	71,8	144	287	1440	2870
11	0,667	5,00	10,0	20,0	62,5	125	250	1250	2500
12	0,766	4,35	8,70	17,4	54,4	109	218	1090	2180
13	0,880	3,79	7,58	15,2	47,4	95,7	189	957	1890
14	1,01	3,30	6,60	13,2	41,2	82,5	165	825	1650
15	1,16	2,87	5,74	11,5	53,9	71,8	144	718	1440
16	1,33	2,50	5,00	10,0	31,2	62,5	125	625	1250
17	1,53	2,18	4,35	8,70	27,2	54,4	109	544	1090
18	1,76	1,89	3,79	7,58	23,7	47,4	94,7	474	947
19	2,02	1,65	3,30	6,60	20,6	41,2	82,5	412	825
20	2,32	1,44	2,87	5,74	18,0	35,9	71,8	359	718
21	2,67	1,25	2,50	5,00	15,6	31,2	62,5	312	625
22	3,06	1,09	2,18	4,35	13,6	27,2	54,4	272	544
23	3,52	0,947	1,89	3,79	11,8	23,7	47,4	237	474
24	4,04	0,825	1,65	3,30	10,3	20,6	41,2	206	412
25	4,64	0,718	1,44	2,87	8,98	18,0	35,9	179	359
26	5,33	0,625	1,25	2,50	7,81	15,6	31,2	156	312
27	6,12	0,544	1,09	2,18	6,80	13,6	27,2	136	272
28	7,04	0,474	0,947	1,89	5,92	11,8	23,7	118	237
29	8,08	0,412	0,825	1,65	5,16	10,3	20,6	103	206
30	9,29	0,359	0,718	1,44	4,48	8,97	17,9	89,7	179

f_v = Abweichung der Fadenabzugsgeschwindigkeit von der Sollgeschwindigkeit in Prozent,

δ_E = Dehnung des Fadens an den Abzugswalzen in Prozent.

Der Faktor k kann entweder nach Formel (42) berechnet oder aus Bild 11 abgelesen werden, nachdem das Verhältnis h_o/h_u aus dem Spektrogramm ermittelt wurde. Die Abweichungen der Fadenabzugsgeschwindigkeiten f_v von den Sollgeschwindigkeiten sind für die beiden zur Verfügung stehenden Uster-Geräte sowie für die Schnellabzugsvorrichtung in Tabelle 3 angegeben. Es ist erforderlich, diese Abweichungen von Zeit zu Zeit zu überprüfen, da sie sich durch Verschleiß der Abzugsorgane allmählich verändern.

Die Dehnung des Fadens kann man durch Vorversuche aus den Masseschwankungskurven ermitteln,

Tabelle 3. Abweichungen der Fadenabzugsgeschwindigkeiten von den Sollgeschwindigkeiten

Soll-geschwindigkeit [m/min]	Uster-Gleichmäßigkeitsprüfgerät		Schnell-abzugs-vorrichtung
	Modell B	Modell C	
2	−1,0	—	—
4	+0,5	−0,5	—
8	+1,7	−0,25	—
25	+3,2	−1,0	—
50	+1,6	−1,2	—
100	+2,6	−0,5	—
200	—	−2,0	—
500	—	—	0
1000	—	—	+1,0

die man bei niedrigster Geschwindigkeit und bei Prüfgeschwindigkeit aufnimmt. Bei sonst gleicher Einstellung des Geräts ist die Lageverschiebung der näherungsweise eingezeichneten Mittelwertkurven ein Maß für die Dehnung des Materials. Nach den bisherigen Erfahrungen kann bei verstreckten Seiden und Abzugsgeschwindigkeiten bis 50 m/min die auftretende Dehnung vernachlässigt werden.

Bei unverstrecktem Material treten bei Abzugsgeschwindigkeiten bis 50 m/min Dehnungen von 2 bis 4% auf, bei 100 m/min bereits Dehnungen von 10 bis 20%. Aus diesen Angaben ist ersichtlich, daß die Vernachlässigung der Dehnung zu einer erheblichen Verfälschung der im Spektrogramm angezeigten Wellenlänge führen kann.

6.3. Überprüfung der Korrekturformel

Die Beziehung (43) wurde mit einem endlosen Filmstreifen überprüft, wobei $\delta_E = 0$ angenommen werden konnte. Bild 12 stellt das Spektrogramm eines selbstgefertigten Eichfilms dar, der eine sinusförmige Schwingung der Wellenlänge $\lambda = 8$ cm enthält. Liest man die Wellenlänge unmittelbar aus dem Spektrogramm ab, so findet man $\lambda \approx 7{,}3$ cm.

Die Anwendung der Formel (43) führt auf den genaueren Wert $\lambda_{korr} = 8{,}05$ cm. Zur Abschätzung des Gesamtfehlers der Wellenlänge wurden von dem Film zu verschiedenen Zeiten, bei unterschiedlichen Abzugsgeschwindigkeiten und Verstärkungsgraden Spektrogramme aufgenommen und jeweils die Wellenlänge direkt und nach Formel (43) bestimmt.

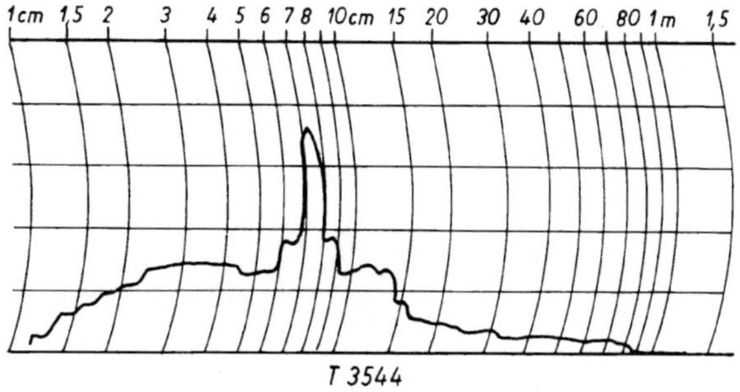

Bild 12. Spektrogramm eines Films mit sinusförmiger Masseschwankung

Bei der statistischen Auswertung führte erst eine logarithmische Merkmalstransformation zu Normalverteilungen, denn wegen

$$\ln \lambda_i - \ln \lambda_{i+1} = \ln \frac{\lambda_i}{\lambda_{i+1}} = \ln \frac{\omega_{i+1}}{\omega_i}$$

$$= \ln \frac{\omega_{i \cdot 1 \cdot 15}}{\omega_i} = \ln 1{,}15 \tag{44}$$

ändert sich der in den Klassen erfaßte Wellenlängenbereich in Form einer geometrischen Reihe mit dem Faktor 1,15.

Die Ergebnisse sind in Tabelle 4 angegeben, wobei ε nach den Beziehungen

$$\lambda_o = \lambda \cdot \varepsilon,$$

$$\lambda_u = \frac{\lambda}{\varepsilon} \tag{45}$$

die Grenzen kennzeichnet, in denen 68% der gefundenen Werte liegen [6].

Es ist zu erkennen, daß bei Auswertung nach (43) die mittlere Wellenlänge mit dem tatsächlichen Wert praktisch übereinstimmt und daß die durch den Faktor ε charakterisierte Streuung wesentlich geringer ist als bei direkter Ablesung der Wellenlänge aus dem Spektrogramm.

6.4. *Auflösungsvermögen des Spektrogramms*

Zumindest ebenso wichtig wie die Frage nach der Genauigkeit der Wellenlänge einer beobachteten periodischen Schwingung ist die Frage nach dem Auflösungsvermögen des Spektrogramms, d. h., die Frage, welchen Abstand die Wellenlängen zweier Schwingungen haben müssen, damit sie noch getrennt wahrgenommen werden können. Wie in den Bildern 4 und 5 gezeigt wurde, wird das Spektrogramm einer Sinusfunktion durch die Beziehung (29) beschrieben, genauer gesagt, durch das Hauptmaximum, das sich an der Stelle, die der Wellenlänge der vorgelegten Schwingung entspricht, ausbildet. Sollen nun zwei derartige, zwei verschiedene Schwingungen darstellende Hauptmaxima noch deutlich getrennt voneinander erkennbar sein, so muß der Wellenlängenabstand der beiden Maxima größer oder gleich sein dem Abstand der beiden Nullstellen, die jedes Hauptmaximum begrenzen.

Für die Nullstellen der Beziehung (29) gilt

$$5\pi\left(\frac{\lambda}{\Lambda} - 1\right) = k \cdot \pi \quad \text{mit} \quad k = \pm 1, 2, 3, \ldots \tag{46}$$

Die an das Hauptmaximum nach „oben“ und „unten“ angrenzenden Nullstellen sind demnach gegeben durch

$$\lambda_{+1} = \Lambda + \frac{\Lambda}{5}$$

und

$$\lambda_{-1} = \Lambda - \frac{\Lambda}{5}. \tag{47}$$

Ihr Abstand voneinander beträgt

$$\Delta\lambda = \frac{2}{5}\Lambda. \tag{48}$$

Der Abstand, den die Wellenlängen zweier Sinusschwingungen voneinander haben müssen, damit sie noch deutlich als getrennte Schwingungen erfaßt werden können, wächst also proportional mit der Wellenlänge selbst. In einem Bereich

$$\frac{1}{5}\Lambda < \Delta\lambda < \frac{2}{5}\Lambda \tag{49}$$

kann man zwei „benachbarte“ Schwingungen oft noch getrennt wahrnehmen, ohne allerdings eine genaue Auswertung durchführen zu können.

Für

$$\Delta\lambda \leqq \frac{1}{5}\Lambda \tag{50}$$

verschmelzen die den beiden Schwingungen zugeordneten Maxima zu einem kräftigen Spektrogrammausschlag, aus dessen Breite man bestenfalls ableiten kann, daß mehr als eine periodische Schwingung vorliegt. Aber auch diese Aussage ist unsicher, da eine Verbreiterung des Spektrogrammausschlages auch durch eine Schwingung mit schwankender Wellenlänge hervorgerufen werden kann.

Die letzten Darlegungen zeigen deutlich die Grenzen der Aussagekraft des Uster-Spektrographen. Sie liegt begründet in dem kurzen Integrationsintervall von nur fünf Perioden.

7. *Auswertezeit und Stichprobenumfang*

Im Abschnitt 3 wurde mitgeteilt, daß die bei der Integration über jeweils 5 Perioden anfallenden Koeffizienten für jedes Frequenzband über die gesamte Auswertezeit gemittelt werden. Die gewünschte Auswertezeit läßt sich am Spektrographen einstellen und beträgt maximal 10 min. Die Frage, wieviel Integrationsintervalle in der Auswertezeit enthalten sind, d. h. aus welcher Anzahl von Koeffizienten der Mittelwert gebildet

Tabelle 4. Vergleich der Ergebnisse bei unterschiedlicher Auswertung

	$\bar{\lambda}$ [cm]	ε	λ_0 [cm]	λ_u [cm]
Direkte Auswertung	7,39	1,0365	7,66	7,13
Auswertung nach (43)	8,025	1,0044	8,06	7,99

wurde, läßt sich durch folgende Beziehung beantworten:

$$n = \frac{v \cdot T_{\text{ges}}}{5 \cdot \lambda}. \tag{51}$$

Darin bedeuten

n = Anzahl der Integrationsintervalle (Stichprobenumfang),
v = Prüfgeschwindigkeit,
T_{ges} = Auswertezeit,
λ = Wellenlänge.

Der Stichprobenumfang ist demnach stark von der jeweils betrachteten Wellenlänge abhängig. Führt man in die Beziehung (51) die Frequenz ein, wobei nach (15) für die minimale und maximale Wellenlänge

$$\lambda_{\text{min}} = \frac{v}{f_{30}}$$

und

$$\lambda_{\text{max}} = \frac{v}{f_1} \tag{52}$$

gilt, so erhält man die Stichprobenumfänge im letzten (äußersten linken) und ersten (äußersten rechten) Kanal unabhängig von der Prüfgeschwindigkeit

$$n_{\text{max}} = \frac{f_{30} \cdot t}{5},$$

$$n_{\text{min}} = \frac{f_1 \cdot t}{5}. \tag{53}$$

Nach Einsetzen der entsprechenden Frequenzen aus Tabelle 2 ergibt sich

$$n_{\text{max}} = 111 \cdot t/\text{min},$$

$$n_{\text{min}} = 2 \cdot t/\text{min}. \tag{54}$$

Man sieht, daß den mittleren Koeffizienten auf den einzelnen Frequenzbändern ganz unterschiedliche Stichprobenumfänge zugrunde liegen. Wie sich ferner leicht berechnen läßt, kann bei der maximalen Auswertezeit von 10 min für den Kanal mit der jeweils größten Wellenlänge der Stichprobenumfang $n = 20$ nicht überschritten werden. Erscheint einem $n = 20$ für eine an dieser Stelle gefundene Periode zu gering, so muß man die Prüfgeschwindigkeit erhöhen, so daß ein anderer Spektrumausschnitt erfaßt wird und die zu betrachtende Wellenlänge in einen höheren Kanal fällt. Wie hoch der Stichprobenumfang zu wählen ist, hängt von der Art der zu untersuchenden periodischen Erscheinungen ab und läßt sich nicht allgemein gültig festlegen. Für Routineuntersuchungen sind im Handbuch zum Spektrographen Richtwerte für die Auswertezeit angegeben, die Werte zwischen 4 und 10 min vorsehen.

8. Anwendungsbeispiele

Die nachfolgend ausgewählten Beispiele sollen einen Überblick über die bei Chemieseiden am häufigsten vorkommenden periodischen Masseschwankungen und deren Ursachen geben.

8.1. Untersuchung unverstreckter Polyamidseide

Bei unverstreckter Polyamidseide werden häufig periodische Schwingungen durch schlagende Spinnspulen verursacht. Die Erscheinung ist verhältnismäßig leicht zu identifizieren, da die ermittelte korrigierte Wellenlänge etwa mit dem Spulenumfang übereinstimmen muß. Die Amplituden dieser Schwingungen sind nicht konstant. Meist tritt die periodische Schwingung bei einer bestimmten Bewicklung auf, schwillt an bis zu einem Maximum der Amplitude, um dann allmählich wieder zu verschwinden. Vermutlich handelt es sich hierbei um Resonanzerscheinungen, die bei einer bestimmten Spulenmasse ausgelöst werden.

Die Bilder 13, 14 und 15 stellen eine Auswahl aus etwa 40 Spektrogrammen dar, die von PAS der Nm 96(10) unverstreckt aufgenommen wurden, um den Verlauf der Amplitude der durch die Spinnspule verursachten Schwingung bei $\lambda \approx 50$ cm zu verfolgen. Es wurden damit, vom Auftreten der Schwingung an gerechnet, rund 76000 m Faden untersucht. Zwischen

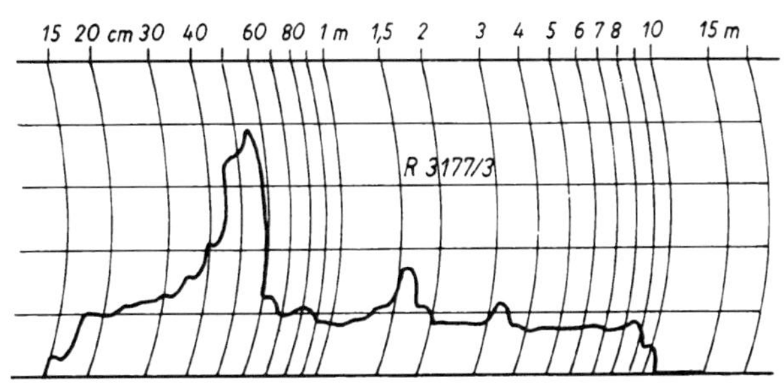

Bild 14. Durch Schlagen der Spule verursachte Periodizität

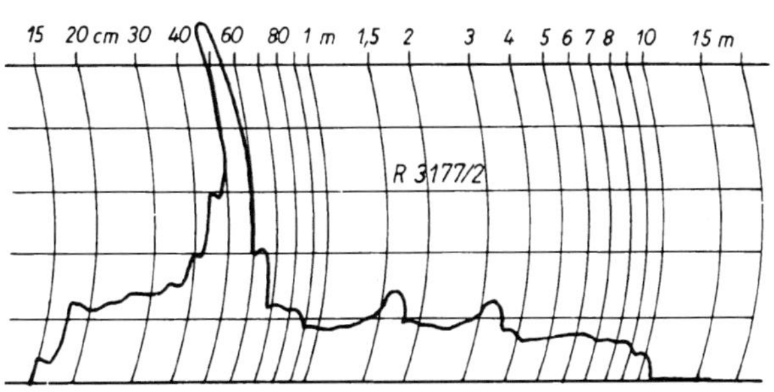

Bild 13. Durch Schlagen der Spule verursachte Periodizität einer unverstreckten Polyamidseide

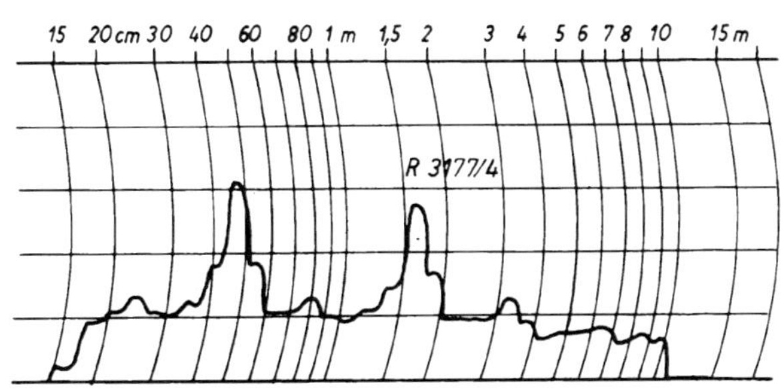

Bild 15. Durch Schlagen der Spule verursachte Periodizität

den Spektrogrammen der Bilder 13 und 14 liegen etwa 50000 m Faden und zwischen den Bildern 14 und 15 etwa 20000 m. Nach Abzug weiterer 6000 m besaß die Schwingung nur noch eine geringe Amplitude, auf der Spule befand sich dabei nur noch eine Restauflage von wenigen hundert Metern, die sich nicht mehr abziehen ließ. Aus den Versuchen ergab sich das Maximum der Amplitude bei einer Fadenauflage von etwa 50000 m, das — in Abhängigkeit von der Bewicklung aufgetragen — äußerst flach verläuft. Bei einer Bewicklung von etwa 76000 m verschwand die Schwingung sehr rasch. Aus dem Vergleich der drei Bilder erkennt man nicht nur, wie sich die Amplitude verändert, man sieht auch, wie sich die Wellenlänge der Schwingung mit kleiner werdendem Spulenumfang verschiebt. In Bild 14 liegt die Wellenlänge nahezu auf der Grenze zweier benachbarter Kanäle. Der Spektrogrammausschlag verteilt sich demzufolge auf diese beiden Kanäle und man vermutet dadurch bei bloßer Betrachtung des Spektrogramms leicht eine zu geringe Amplitude.

Weitere typische Perioden gelangen durch die Changierung bei der Aufwindung in die Seide. Es treten fast ausschließlich jeweils zwei Ausschläge auf, deren Wellenlängen im Verhältnis 1 : 2 zueinander stehen. Die Schwingung mit der kleineren Wellenlänge wird durch den Einzelhub der Changierung hervorgerufen; die größere Wellenlänge entspricht dem Doppelhub der Changierung. Sie erscheint immer dann im Spektrogramm, wenn die zu einem Doppelhub gehörenden beiden Einzelhübe unterschiedliche Zugkräfte und damit unterschiedliche Fadenverjüngungen hervorrufen. Bei zufälliger Übereinstimmung der durch die beiden Einzelhübe hervorgerufenen Querschnittsveränderungen tritt die Wellenlänge des Doppelhubs nicht auf. In Bild 16, welches das Spektrogramm einer PAS Nm 64(9) unverstreckt zeigt, findet man neben einer durch die schlagende Spinnspule hervorgerufenen Schwingung die durch den Doppelhub und Einzelhub verursachten Schwingungen bei $\lambda_1 = 3{,}64$ m und $\lambda_2 = 1{,}81$ m. Die Schwingung mit der Wellenlänge $\lambda_3 = 90$ cm deutet keine zusätzliche Ungleichmäßigkeit an, sondern bildet die harmonische Schwingung zu λ_2.

Wie im Abschnitt 4 näher erläutert, treten harmonische Schwingungen dann auf, wenn die periodische Erscheinung stark von der Sinusform abweicht. Bemerkenswert ist, daß nicht die harmonischen Schwingungen zur Wellenlänge des Doppelhubs, sondern zur Wellenlänge des Einzelhubs auftreten. Das kann folgendermaßen erklärt werden: Bei unsymmetrischem Zugkraftverlauf bildet sich eine Masseschwankungskurve aus, die man im Extremfall näherungsweise mit einer Sinusfunktion (ihre Frequenz sei α) beschreiben kann, bei der die oberen Halbwellen unterdrückt wurden. Die Fourierentwicklung einer solchen Funktion enthält nur Sinus- bzw. Cosinusglieder der Frequenzen α, 2α, 4α, 6α usw., d. h. also die Glieder der Wellenlängen Λ, $\Lambda/2$, $\Lambda/4$, $\Lambda/6$ usw.

Da $\Lambda/2$ die Wellenlänge des Einzelhubs ist, ergibt sich, daß nur die harmonischen Schwingungen zum Einzelhub $\left((\Lambda/2)/2, (\Lambda/2)/3 \text{ usw.}\right)$ auftreten können. An der dadurch im Spektrogramm hervorgerufenen typischen Erscheinung erkennt man recht leicht die Fadenchangierung. Das ist besonders dann von Vorteil, wenn die technologischen Daten des Produktionsprozesses nicht bekannt sind.

Sind in der Seide starke periodische Schwingungen vorhanden, nimmt selbstverständlich auch der Variationskoeffizient einen hohen Wert an. Das Spektrogramm im Bild 17 enthält Schwingungen, die durch die schlagende Spinnspule und durch die Fadenchangierung hervorgerufen wurden. In den hier nicht dargestellten benachbarten Wellenlängenbereichen tritt nur noch eine Schwingung geringer Amplitude bei $\lambda =$ 90 m auf. Die Gleichmäßigkeitsprüfung bei normaler Betriebsart ergab einen Variationskoeffizienten $V_{MN\,100} = 3\%$. Dabei beträgt, wie in [7] gezeigt wird, der durch die periodischen Schwingungen verursachte Anteil des Variationskoeffizienten 2,2% und der durch Zufallsschwankungen verursachte Anteil etwa 2%. Das Beispiel zeigt, welche Bedeutung der Beseitigung periodischer Masseschwankungen bei den Bemühungen zur Verbesserung des Variationskoeffizienten zukommt.

Auf eine weitere periodische Erscheinung der Spinnspulenseide sei noch hingewiesen, die durch mehr oder weniger starke Ausschläge in mehreren benachbarten Klassen charakterisiert ist, wobei nur selten ein markantes Maximum festzustellen ist. Diese Erscheinung wird auf Schwingungen des Fadens im Spinnschacht zurückgeführt, die Masseschwankungen im noch nicht vollständig erstarrten Faden hervorrufen. Diese Masseschwankungen, nicht ganz richtig auch als Anblasperioden bezeichnet, besitzen naturgemäß keine konstante Wellenlänge, liegen jedoch in einem bestimmten Wellenlängenbereich, der neben der Fadengeschwindigkeit von der Feinheit des Fadens, der Zugkraft und der

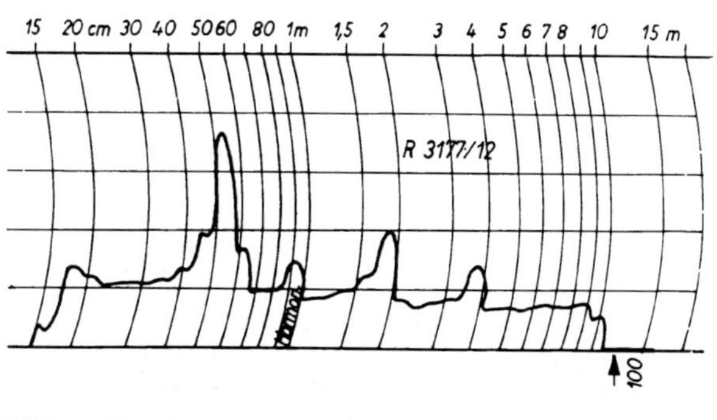

Bild 16. Durch Schlagen der Spule und durch die Fadenchangierung verursachte Periodizitäten

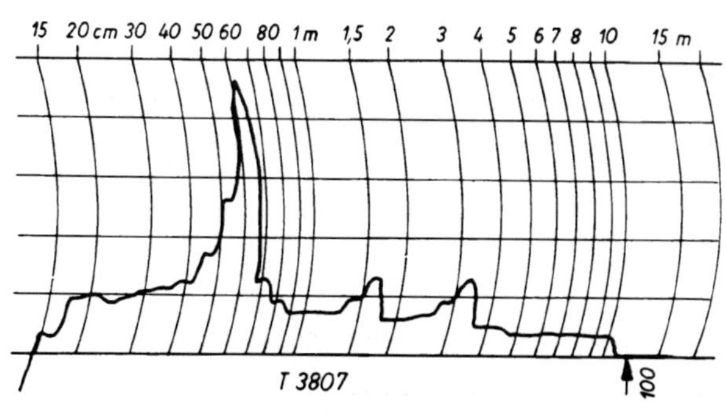

Bild 17. Durch Schlagen der Spule und durch die Fadenchangierung verursachte Periodizität

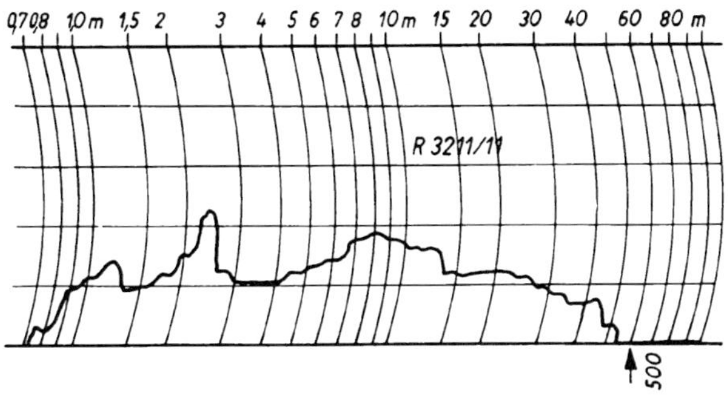

Bild 18. „Anblas"-Periodizitäten

freien Fadenlänge abhängen muß. Bild 18 zeigt ein Spektrogramm von Polyamid-Spinnband der Nm 2(120) mit periodischen Schwingungen dieser Art im Wellenlängenbereich von 7 m bis 14 m.

8.2. *Untersuchung verstreckter Polyamidseide*

In der verstreckten Polyamidseide sind die im unverstreckten Material vorhandenen Schwingungen zum großen Teil noch wahrzunehmen, wenn auch die Amplituden durch den Verstreckprozeß meist abgebaut wurden. In Bild 19, dem Spektrogramm einer Polyamidseide Nm 200(9), ist die Schwingung bei $\lambda = 1{,}8$ m auf die schlagende Spinnspule zurückzuführen. Mit einem Verstreckungsfaktor 3,04 entspricht die festgestellte Wellenlänge einer Wellenlänge von 180 cm : 3,04 = 59 cm auf der Spinnspule. Die Schwingung von $\lambda = 11$ m stimmt in ihrer Wellenlänge mit der durch den Doppelhub der Changierung verursachten Schwingung des Spinnspulenmaterials überein.

Durch den Verstreckungsprozeß gelangen jedoch auch zusätzlich periodische Masseschwankungen in die Seide. So bildet z. B. der Grundhub an der Streck-Zwirn-Maschine eine häufige Entstehungsursache. Der bei $\lambda = 33$ m in Bild 19 vorhandene Ausschlag ist damit in Verbindung zu bringen, wie sich durch die Abzugsgeschwindigkeit von 675 m/min und der Hubzahl von 20/min bestätigen läßt.

Die im Bild 20 ersichtliche Periodizität mit $\lambda = 18$ cm wird vermutlich durch den Ringläufer hervorgerufen.

Nach den Beziehungen

$$\lambda = \frac{V_L}{n_L} \qquad (55)$$

mit V_L = Abzugsgeschwindigkeit (Lieferung),
n_L = Läuferdrehzahl,

und

$$n_L = n_{\text{spi}} - \frac{V_L}{U_K} \qquad (56)$$

mit n_{spi} = Spindeldrehzahl,
U_K = Kopsumfang

ergeben sich für die Wellenlänge Werte im Bereich von $\lambda = 16$ bis 22 cm, je nachdem, mit welchem Umfang des Kopses gerechnet wurde. Der gefundene Wert liegt also in dem theoretisch möglichen Wellenlängenbereich.

In der verstreckten Seide sind häufig auch noch Perioden festzustellen, die durch den Zusatzhub der Streck-Zwirn-Maschine verursacht werden. Diese periodischen Schwingungen können jedoch mit dem Spektrographen nicht mehr erfaßt werden, da ihre Wellenlänge die obere Grenzwellenlänge im Spektrogramm von $\lambda = 100$ m bei weitem übersteigt. Bei einer Zusatzhubdauer von 20 min und einer Abzugsgeschwindigkeit von 500 m/min ergibt sich beispielsweise eine Wellenlänge von 10000 m. Periodische Schwingungen solch großer Wellenlänge sind verhältnismäßig leicht aus dem bei träger Betriebsart, hoher Abzugsgeschwindigkeit und geringer Diagrammpapiergeschwindigkeit aufgenommenen Gleichmäßigkeitsdiagramm zu erkennen. Allerdings ist ein größerer Material- und Prüfaufwand erforderlich, da ja, um bei dem gewählten Beispiel zu bleiben, wenigstens 15000 m Faden geprüft werden müssen, damit die Schwankungen als periodisch erkannt werden können.

8.3. *Periodische Masseschwankungen in verschiedenen Chemieseiden*

Die für Polyamidseide genannten Ursachen periodischer Masseschwankungen sind auch bei anderen Chemieseiden im wesentlichen für das Auftreten von Perioden verantwortlich.

Bild 21, das Spektrogramm einer Polyesterseide Nm 115(36), zeigt bei den Wellenlängen 11,4 m und 5,7 m Ausschläge, die auf die Changierung zurückzuführen sind. Die Ausschläge bei 2,8 m und 1,9 m bilden die harmonischen Schwingungen zu $\lambda = 5{,}7$ m. Die periodische Erscheinung im Wellenlängenbereich von 15 m bis 80 m wird durch die oben erwähnten Schwingungen des Fadens unterhalb der Spinndüse

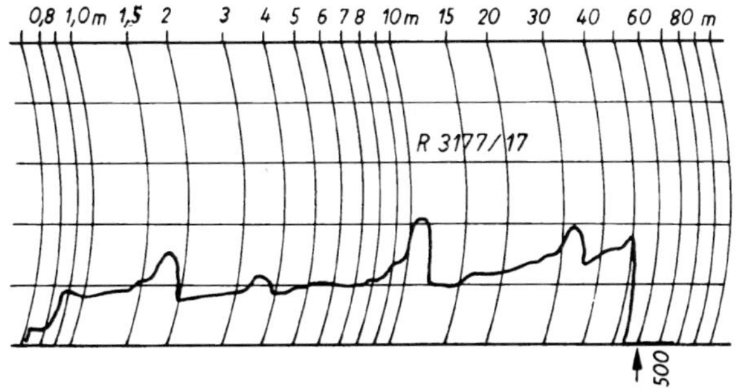

Bild 19. Spektrogramm einer verstreckten Polyamidseide

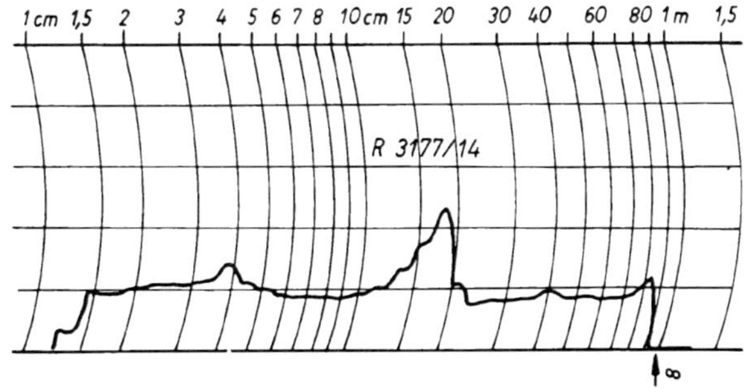

Bild 20. Durch den Ringläufer verursachte Periodizität

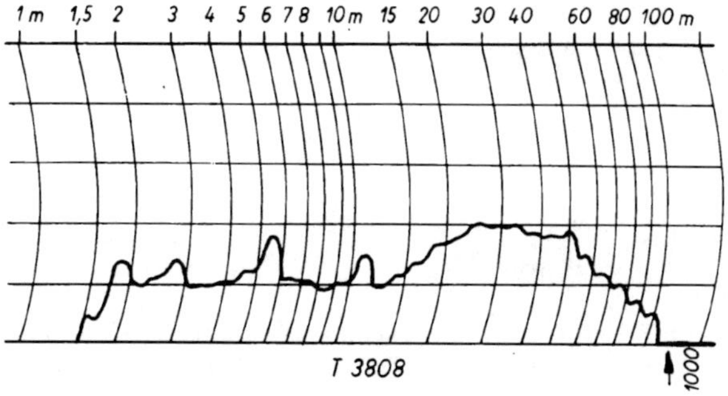

Bild 21. Spektrogramm einer Polyesterseide

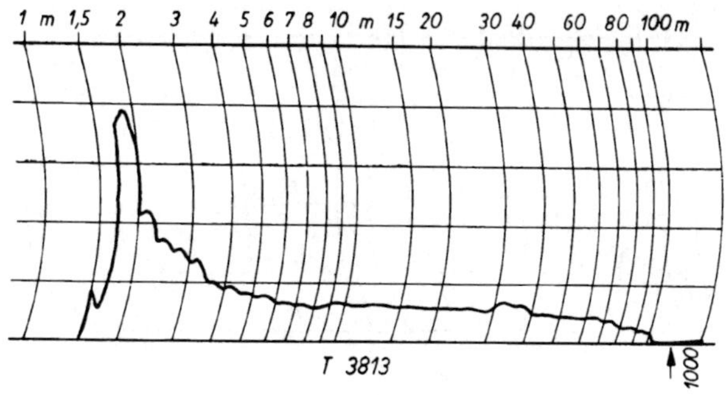

Bild 23. Spektrogramm einer Viskoseseide

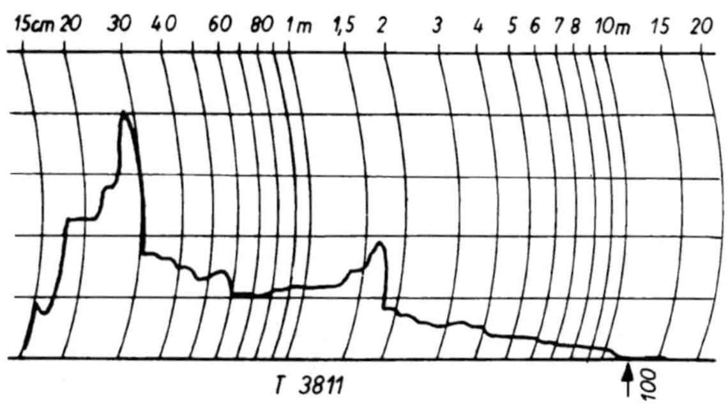

Bild 22. Beim Konen entstandene Periodizitäten einer Viskoseseide

verursacht. Da es sich im Beispiel des Bildes 21 um verstreckte Seide handelt, erscheinen die ermittelten Wellenlängen um den Verstreckungsfaktor vergrößert.

Auch in der Konerei können dem Material noch periodische Masseschwankungen aufgeprägt werden, wie das Spektrogramm einer Viskoseseide (Bild 22) beweist. Die Schwingung mit der Wellenlänge $\lambda =$ 26 cm wird vermutlich durch unrunden Lauf der Kone hervorgerufen; denn der mittlere Umfang der Kone stimmt mit der festgestellten Wellenlänge überein.

Die andere Schwingung entspricht mit $\lambda = 1{,}57$ m der Wellenlänge des Doppelhubs der Changierung. Die Schwingung ist hier jedoch nicht nur auf die Auslenkung des Fadens zurückzuführen, sondern vor allem auf die periodisch schwankende Fadengeschwindigkeit, die eine Folge der konstanten Spindeldrehzahl und des sich periodisch ändernden Bewicklungsumfangs ist. Die dadurch bedingte Änderung der Beschleunigungskräfte ruft einen näherungsweise sinusförmigen Verlauf der Masseschwankungskurve hervor. Daher muß der für Polyamidseide festgestellte charakteristische Ausschlag bei der Wellenlänge des Einzelhubs nicht unbedingt vorhanden sein.

Periodische Masseschwankungen kommen bei Viskoseseide fast ausschließlich im Wellenlängenbereich bis zu etwa 2 m vor; der darüberliegende Wellenlängenbereich ist allgemein frei von Perioden. Daraus erklärt sich auch, warum Viskoseseiden sehr niedrige Variationskoeffizienten „träge" aufweisen.

Bild 23 zeigt das Spektrogramm einer Viskoseseide, in dem die gute Gleichmäßigkeit im langwelligen Bereich zum Ausdruck kommt.

9. *Zusammenfassung*

Der Uster-Spektrograph dient zur raschen Bestimmung der relativen Größe der periodischen Schwankungen in Abhängigkeit von der Wellenlänge. Die Genauigkeit der Angabe der Wellenlänge einer periodischen Schwingung konnte durch ein Auswerteverfahren verbessert werden, das in Abschnitt 6 beschrieben wurde.

Die Ungleichmäßigkeit von Chemieseiden kann zu einem beträchtlichen Teil durch periodische Masseschwankungen verursacht werden. Diese sind bei Polyamid- und Polyesterseide vorwiegend auf schlagende Spinnspulen, auf die Changierung bei der Aufwicklung auf die Spinnspule, auf unruhigen Lauf des Fadens im Spinnschacht (Anblasperioden), auf den Ringläufer und auf den Ringbankgrund- und -zusatzhub an der Streck/Zwirn-Maschine zurückzuführen. Bei Viskoseseide entstehen mittelperiodische Masseschwankungen beim Konen.

Die begrenzte Aussagekraft des Spektrographen kommt dadurch zum Ausdruck, daß periodische Schwingungen, deren Wellenlängen keinen großen Unterschied aufweisen, nicht mehr getrennt wahrgenommen werden können. Die dafür verantwortliche Eigenart des Spektrographen, über ein Intervall von nur fünf Perioden zu integrieren und von den dabei sich ergebenden Koeffizienten $c_{\omega,i}$ den mittleren Koeffizienten $c_{\omega,i}$ zu bilden, führt dazu, daß die Deutung eines bestimmten Spektrogrammausschlags Schwierigkeiten bereitet. Ein Spektrogrammausschlag bestimmter Höhe kann z. B. durch eine periodische Schwingung konstanter Amplitude, aber auch durch eine solche unterschiedlicher Amplitude verursacht werden. Im Extremfall verschwindet die Schwingung zeitweise ganz, um dann wieder kurzzeitig zu einer Schwingung mit kräftiger Amplitude anzuschwellen. Derartige Erscheinungen führen meist dazu, daß sich ein gefundener Spektrogrammausschlag bei Wiederholung der Prüfung nicht reproduzieren läßt. In diesem Falle empfiehlt es sich, anstelle eines Spektrogramms von 10 min Auswertedauer mehrere Spektrogramme von kürzerer Dauer aufzunehmen, um den „Gang" der Amplitude zu erkennen.

Wegen des geringen Zeitaufwands, der für die Aufnahme eines Spektrogramms erforderlich ist, kommt dem Spektrographen auch für die betriebliche Praxis große Bedeutung zu. Periodische Erscheinungen, die aus den oben genannten Gründen im Spektrogramm nicht eindeutig analysierbar sind, lassen sich oftmals doch deuten, wenn die technologischen Parameter des Produktionsprozesses genau bekannt sind.

Abschließend dankt der Verfasser Herrn Prof. Dr. Ing. habil. *W. Bobeth* für die allseitig gewährte Unterstützung. Frau *Niemer* gilt der Dank für die verständnisvolle Durchführung der Versuche.

Eingegangen am 16. April 1968

Das Kraft-Dehnungs-Verhalten von Kernwindefäden

Günter Trommer

Mitteilung aus dem Forschungsinstitut für Textiltechnologie Karl-Marx-Stadt (Direktor: Dr.-Ing. K. H. Banke)

DK 677—042.2:539.412.1:620.163

(Schluß von Heft 11, S. 518—526.)

4. *Herstellung und Prüfung von verschiedenen Kernwindefäden*

Um die Brauchbarkeit der theoretischen Beziehungen einschätzen zu können, wurden Versuchsfäden hergestellt, geprüft und die Prüfergebnisse mit den berechneten Werten verglichen.

Die Herstellung erfolgte auf einem Versuchsmuster einer Kerngarnmaschine im VEB Kammgarnspinnerei Karl-Marx-Stadt, Werk Harthau. Die Maschine war mit einem Druckarm D 33 (Kanalwalze) vom VEB Spindel- und Spinnflügelfabrik Neudorf ausgerüstet. Um die extrem hohen Drehungen ($\beta = 35°$, $45°$, $55°$) zu erreichen, erfolgte der Antrieb der Versuchsspindel über einen Riementrieb von der Nachbarspindel aus. Auswechselbare Scheiben ermöglichten die entsprechenden Übersetzungsverhältnisse.

Die durchgeführten Versuche mit allen notwendigen Parametern sowie den interessierenden textilphysikalischen Prüfergebnissen der Fäden sind in Tabelle 1 zusammengestellt. Dabei wurden folgende Parameter variiert (Sollwerte):

Feinheit des Kernes Nm_K = 10 (100 tex), 20 (50 tex) und 40 (25 tex),

Steigungswinkel $\beta = 5°, 7{,}5°, 15°, 25°, 35°, 45°, 55°$,

Faserlänge l_F = 40, 57, 80 mm,

Feinheit der Mantelseide Nm_{MF} = 450 (2,2 tex), 450/2 (2,2/2 tex) und 450/3 (2,2/3 tex).

Die textilphysikalischen Prüfergebnisse der verwendeten Faserstoffe sind in Tabelle 2 aufgeführt.

An dieser Stelle sind noch einige Bemerkungen zur Feinheit des Kernwindefadens notwendig. Diese setzt sich zusammen aus der Feinheit des Mantels und der des Kernes.

Es gilt:

$$Nm_F = \frac{Nm_M \, Nm_K}{Nm_M + Nm_K}.$$

Tabelle 1. Varianten der hergestellten Kernwindefäden mit den dazugehörigen textilphysikalischen Meßwerten

Versuch Nr.	Faserstoffe						Prüfwerte					
	Mantel-Faserstoff	Faserfeinheit	Kern Faserstoff	Faserlänge	Faserfeinheit	Vorgarnfeinheit	Drehung		Feinheit d. Fadens	Reißkraft		Reißdehnung
		[Nm (tex)]		[mm]	[Nm (mtex)]	[Nm (tex)]	[Dr/m]	~ β°	[Nm (tex)]	[p]	[km]	[%]
1	PAS	450 (2,2)	VIF	57	3 300 (300)	2,2/2(450/2)	136	5,7	22,1(46)	115	2,53	23
2	PAS	450 (2,2)	VIF	57	3 300 (300)	2,2/2 (450/2)	198	8,2	21,3(46)	167	3,56	14,7
3	PAS	450 (2,2)	VIF	57	3 300 (300)	2,2/2 (450/2)	408	16,6	17,7(56)	505	8,91	11,6
4	PAS	450 (2,2)	VIF	57	3 300 (300)	2,2/2(450/2)	715	27,5	18,4(56)	575	10,6	11,9
5	PAS	450 (2,2)	VIF	57	3 300 (300)	2,2/2 (450/2)	1 044	37,3	18,4(56)	544	10	8,9
6	PAS	450 (2,2)	VIF	57	3 300 (300)	2,2/2 (450/2)	1 503	47,6	18,4(56)	530	9,74	9,7
7	PAS	450 (2,2)	VIF	57	3 300 (300)	2,2/2 (450/2)	1 839	53,2	18,1(56)	525	9,49	9,1
8	PAS	450 (2,2)	VIF	57	3 300 (300)	2,2/1 (450/1)	619	17,7	36,2(28)	268	9,71	9,6
9	PAS	450 (2,2)	VIF	57	3 300 (300)	2,2/3 (450/3)	363	20,5	10 (100)	814	8,15	16,5
10	PAS	450 (2,2)	VIF	40	3 300 (300)	2/2 (500/2)	376	15,3	19,4(52)	432	8,39	8,9
11	PAS	450 (2,2)	VIF	80	3 300 (300)	0,8 (1 250)	432	17,5	19,2(50)	621	11,9	12,3
12	PAS	450/2 (2,2/2)	VIF	57	3 300 (300)	2,2/2 (450/2)	406	16,5	18,5(56)	630	11,6	10
13	PAS	450/3 (2,2/3)	VIF	57	3 300 (300)	2,2/2 (450/2)	394	16,5	17,5(56)	648	11,4	9,7

Tabelle 2. Zusammenstellung der verwendeten Faserstoffe mit den für die Berechnung der Fadenreißkraft erforderlichen Kennwerten

Nr.	Faserstoff	Feinheit [Nm (mtex)]		Faserlänge [mm]		mittlere Faserreißkraft		mittlere Faserreißdehnung	Stand. Abweichung d. Faserreißdehnung	E-Modul[1])
		Soll	Prüfwert	Soll	Prüfwert[2])	[p]	[km]	[%]	[%]	[P/mm²]
1	PAS	450 (2,2 tex)	440 (2,3 tex)	—	—	103	45,2	35,8	—	148 000
2	VIF	3 300 (300)	2 960 (340)	57	60,9	5,25	15,5	20,9	5,49	114 000
3	VIF	3 300 (300)	3 500 (280)	40	39,9	5,51	19,2	28,3	—	102 000
4	VIF	3 300 (300)	3 260 (300)	80	73,2	5,77	18,8	25,7	—	111 000

[1]) Der E-Modul wurde aus der mittl. Faserreißkraft und -reißdehnung nach der Beziehung $E_F = \frac{\overline{P}_{F0}}{F_F \bar{\varepsilon}_{F0}}$ ermittelt.

[2]) Länge nach der Faserzahl.

Die Feinheit des Mantels wiederum wird bestimmt durch die Feinheit des Mantelfadens (Nm_{MF}) und den Steigungswinkel desselben:

$$Nm_M = Nm_{MF} \cos\beta .$$

Setzen wir statt

$$\cos\beta = \frac{1}{\sqrt{1 + \tan^2\beta}}$$

für

$$\tan\beta = 2\pi\, T R \quad \text{(vgl. Bild 5)}$$

und für

$$R = 1{,}13\, \frac{1}{\sqrt{\pi \varrho\, Nm_K}} \quad \text{(vgl. [2])},$$

so folgt für die Feinheit eines Kernwindefadens in Abhängigkeit von der Feinheit des Kernes, der Feinheit des Mantelfadens, der Anzahl Drehungen pro Meter und der Dichte des Kernfaserstoffes:

$$Nm_F = \frac{Nm_{MF}\, Nm_K}{Nm_{MF} + Nm_K \sqrt{1 + \frac{T^2}{Nm_K}\left(\frac{16}{\varrho}\right) 10^{-6}}} . \qquad (21)$$

5. *Die für die Berechnung der Kernwindefäden verwendeten Faserstoff- und Fadenparameter*

Die für die Berechnung notwendigen Faserstoffwerte wurden in Tabelle 2 zusammengestellt.

Für die verwendeten Viskosefasern wird mit einem E-Modul von 114000 p/mm² und für die Polyamidseide mit einem solchen von 148000 p/mm² gerechnet. E_F folgt aus der Beziehung

$$E_F = \frac{\bar{P}_{F0}}{F_F \bar{\varepsilon}_{F0}} .$$

Die Faserfeinheit wird mit Nm 3000 (330 mtex) und die Feinheit der Polyamidseide mit Nm 450 (2,2 tex) in Rechnung gestellt. Die entsprechenden Durchmesser d_K bzw. d_M werden berechnet aus

$$d_{M,K} = 2 \sqrt{\frac{1}{Nm\, \pi \varrho}} .$$

Für die Faserlänge l_F werden 60 mm bzw. 40 und 80 mm zugrundegelegt

Für die mittlere Reißdehnung der Viskosefasern wird der Wert $\bar{\varepsilon}_{K0} = 0{,}209$ und für die der Polyamidseide der Wert $\bar{\varepsilon}_{M0} = 0{,}358$ benutzt. Für die Berechnung der Fadenreißkräfte wird als Reißdehnung nicht die mittlere Faserdehnung, sondern eine niedrigere, die in gleicher Weise, wie in [3] dargelegt, ermittelt wurde. Aus einer mittleren Faserreißdehnung $\bar{\varepsilon}_{F0} = 0{,}209$ und einer dazugehörenden Standardabweichung $s = 0{,}0549$ (vgl. Tabelle 2) ergibt sich nach den Ausführungen in [3] eine Fadenreißdehnung von $\varepsilon_0 = = \varepsilon_{K0} = 0{,}118$.

Außerdem wird bei der Berechnung der Fadenreißkraft berücksichtigt, daß für eine Faserdehnung von 0,118 die tatsächliche Faserkraft durchschnittlich um den Faktor 1,29 höher liegt als die, die sich bei konstantem E_F gemäß Bild 14 ergibt.

Der Gleitreibungskoeffizient μ wird für die verwendeten Viskosefasern nach [4] und eigenen Messungen mit 0,24 eingesetzt.

Der Kernradius R ergibt sich gemäß der Kernfeinheit aus der Beziehung

$$R = 1{,}13 \sqrt{\frac{1}{Nm_K \pi \varrho}} .$$

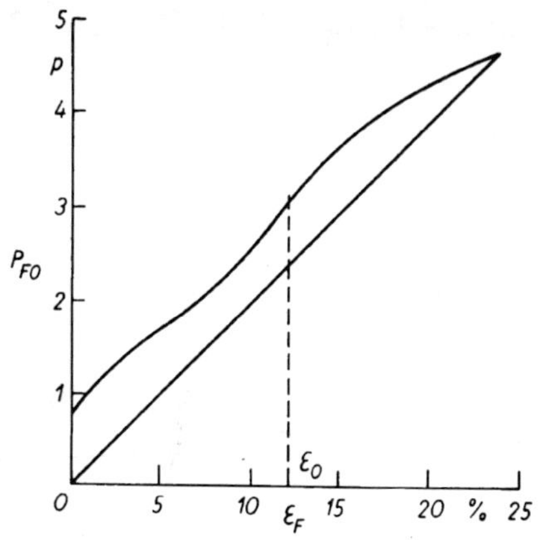

Bild 14. Mittleres Kraft-Dehnungsschaubild für die bei den Versuchen verwendete VIF, 60 mm

6. *Vergleich der berechneten und gemessenen Fadenreißkräfte*

In den Bildern 15 bis 18 sind die gemessenen Fadenreißkräfte den theoretisch berechneten gegenübergestellt.

Bei den Versuchen wurden nur solche Faden- bzw. Faserparameter verändert, die möglichst die Konstanz der übrigen gewährleisten. Aus diesem Grunde wurde beispielsweise die Änderung der Mantelseidenfeinheit durch Dublierung vorgenommen und nicht durch Verwendung verschieden feiner Seiden, da in diesem Falle das Elastizitätsverhalten unterschiedlich sein könnte. Lediglich bei der Verwendung von verschiedenen

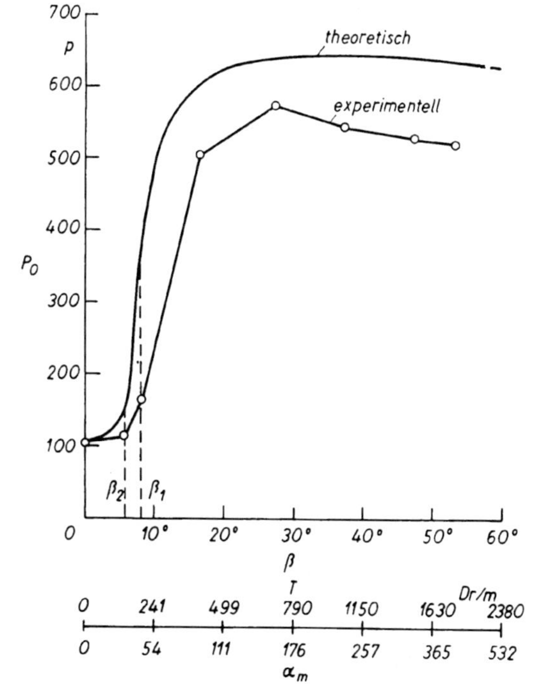

Bild 15. Reißkraft des Kernwindefadens in Abhängigkeit von der Drehung nach den Gleichungen (14), (15) und (17) und Meßwerten

Kern: Nm 20 (50 tex), VIF 60 mm
Mantel: PAS Nm 450 (2,2 tex)

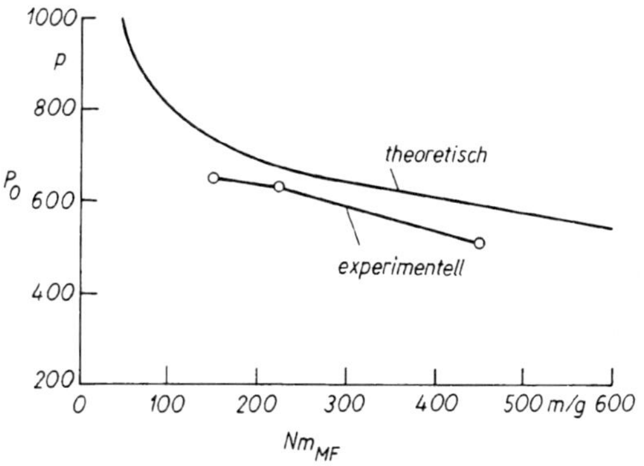

Bild 16. Reißkraft des Kernwindefadens in Abhängigkeit von der Feinheit der Mantelseide nach Gleichung (17) und Meßwerten
Kern: Nm 20 (50 tex), VIF 60 mm
Mantel: PAS, $\beta = 15°$

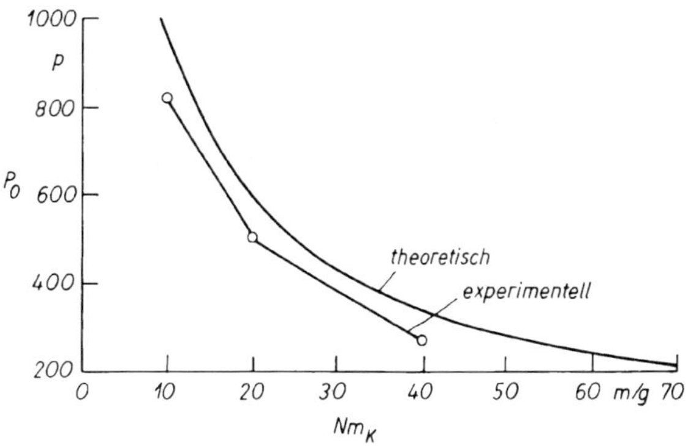

Bild 18. Reißkraft des Kernwindefadens in Abhängigkeit von der Feinheit des Kernes nach Gleichung (17) und Meßwerten
Kern: VIF 60 mm
Mantel: PAS Nm 450 (2,2 tex), $\beta = 15°$

Faserlängen muß mit einem unterschiedlichen Reibungskoeffizienten μ gerechnet werden, der nach den mathematischen Beziehungen die Festigkeit des Kernwindefadens in gleicher Weise beeinflußt wie die Faserlänge selbst. Die Abweichungen im Bild 17 zwischen den gemessenen und berechneten Werten können auf diesen Punkt zurückzuführen sein.

Allgemein ist aus den Bildern 15 bis 18 zu folgern, daß sowohl die tendenzmäßige als auch die absolute Übereinstimmung die prinzipielle Richtigkeit der im Rahmen dieser Arbeit abgeleiteten Beziehungen bestätigt.

Bild 19 zeigt für einen bestimmten Kernwindefaden die einzelnen Anteile an der Reißkraft in Abhängigkeit von der Drehung. Daraus ist deutlich zu erkennen, daß ab einer bestimmten Drehung, im vorliegenden Beispiel $\beta = 15°$, der Hauptanteil von den nichtgleitenden Fasern im Kern aufgebracht wird.

7. *Die wesentlichsten Parameter, die das Zugverhalten von Kernwindefäden beeinflussen*

7.1. *Der Einfluß des Elastizitätsverhaltens der Faserstoffe*

Je steiler der Anstieg der σ-ε-Linie für den Mantelfaserstoff ist, um so besser werden bei sonst gleichen Bedingungen die Kernfasern eingebunden. Für das elastische Verhalten des Kernfaserstoffes gilt das Umgekehrte. Diesen Sachverhalt erkennt man deutlich aus Formel (2) oder (11). Aus Formel (2) geht hervor, daß die noch gleitende Faserlänge l_x direkt proportional dem Verhältnis der Elastizitätsmoduli von Kern und Mantel ist. Für den Steigungswinkel des Mantelfadens, bei dem die maximale Fadenfestigkeit erreicht wird, ist der Einfluß sogar quadratisch, beispielsweise im Vergleich zum Einfluß des Reibungskoeffizienten μ (vgl. Gleichung (18) und (19)). Daraus kann man die praktische Schlußfolgerung ziehen, daß für eine hohe Festigkeit des Kernwindefadens das Verhältnis E_M/E_K möglichst groß sein muß. Dann wird eine gute Einbindung der Kernfasern durch den Mantelfaden erreicht, d. h. l_x wird möglichst klein, was bedeutet, daß der Prozentsatz der nichtgleitenden Fasern im Querschnitt groß ist. Völlig unzweckmäßig wäre es beispielsweise, einen Mantelfaserstoff mit flach ansteigender

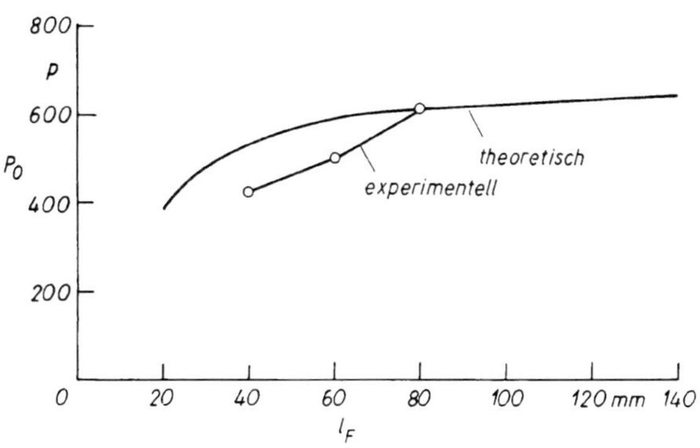

Bild 17. Reißkraft des Kernwindefadens in Abhängigkeit von der Faserlänge nach Gleichung (17) und Meßwerten
Kern: Nm 20 (50 tex), VIF
Mantel: PAS Nm 450 (2,2 tex), $\beta = 15°$

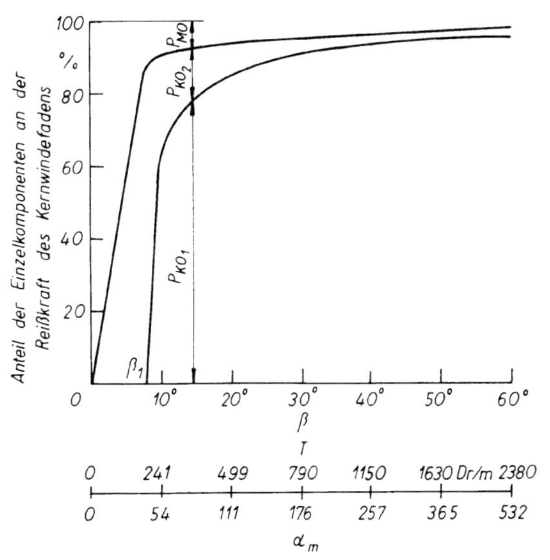

Bild 19. Anteil der Einzelkomponenten an der Reißkraft des Kernwindefadens in Abhängigkeit von der Drehung nach Gleichung (17)
Kern: Nm 20 (50 tex), VIF 60 mm
Mantel: PAS Nm 450 (2,2 tex)

und einen Kernfaserstoff mit steil ansteigender σ–ε-Linie und zudem eventuell noch eine kurze Faserlänge von 40 mm zu verwenden. In einem solchen Fall würde die Festigkeit des Fadens sehr gering, da die Kernfasern zum größten Teil im Verband gleiten könnten. Hier müßte eine sehr hohe Drehung gewählt werden, um einen brauchbaren Faden zu erhalten.

Außer dem Anstieg der σ-ε-Linien der verwendeten Faserstoffe spielt die Höhe der Faserstoffreißdehnungen noch eine Rolle. Der Idealfall ist der, daß Mantel und Kern bei der gleichen Fadendehnung ihre Reißdehnung erreichen. Infolge der durch die Drehung hervorgerufenen Schräglage des Mantelfadens ist die Dehnung des Mantels um den Faktor $\cos^2\beta$ geringer als die Dehnung des Fadens. Die maximale Dehnung der Kernfasern ist für den Fall $l_x < 1_F/2$ gleich der Fadendehnung. Nur die Faserenden erfahren eine Dehnung, die kleiner ist als die Fadendehnung (vgl. Bild 20). Ist $l_x > l_F/2$, so liegt die maximale Faserdehnung genau in der Fasermitte und ist kleiner als die Fadendehnung (vgl. Bild 21). Bei einem Kernwindefaden, der auf Zug beansprucht wird, werden nun bei einer bestimmten Dehnung entweder der Mantelfaden oder einige Kernfasern reißen und damit die Festigkeit des Fadens begrenzen. Die Gleichungen (14) bis (17) fixieren diese Verhältnisse. Da in den meisten Fällen die Masse der Kernfasern bedeutend größer ist als die des Mantelfadens, ist es günstiger, wenn die Reißdehnung der Kernfasern die Fadenfestigkeit begrenzt. Im anderen Fall würde der Faden reißen, ohne daß der Kern schon genügend belastet wäre. Es ist aus diesem Grunde unzweckmäßig, Fasern mit sehr hoher Reißdehnung, beispielsweise Wolle, mit einer Seide zu umwinden, die eine beträchtlich niedrigere Reißdehnung aufweist, beispielsweise VIS. Durch die Schräglage des Mantelfadens infolge der Dehnung wird erreicht, daß für $l_x < l_F/2$ die Reißdehnung des Mantelfaserstoffes bis zum $\cos^2\beta$-fachen kleiner sein kann als die der Kernfasern, ohne daß der Mantel bei Zugbelastung des Fadens früher reißt als der Kern. Ist $l_x > l_F/2$, so ist durch das Auseinandergleiten der Fasern die Dehnung derselben überall kleiner als die Fadendehnung, und die Gefahr, daß die Reißdehnung des Mantelfadens früher erreicht wird als die der Kernfasern, wächst mit größer werdendem l_x. Dieser Fall hat jedoch wenig praktische Bedeutung, da l_x in der Regel kleiner ist als $l_F/2$.

Es sei abschließend hierzu bemerkt, daß durch die eingangs getroffenen Näherungen (ideale, einander gleiche Fasern, ideale Faserverteilung im Faden, σ_F/ε_F = konstant) die prinzipiellen Feststellungen über den Einfluß der elastischen Fasereigenschaften auf den Kernwindefaden nicht verändert werden. Die Auswirkung der einschneidensten dieser Näherungen auf die Absolutbeträge der berechneten Fadenreißdehnungen wurde in [3] bereits ausführlich behandelt. Daraus geht u. a. eindeutig hervor, daß die Reißdehnung und damit die Reißkraft eines Kernwindefadens nicht nur von den mittleren Reißkraft- und -dehnungswerten der Fasern, sondern in starkem Maße von der statistischen Verteilung der Faserreißdehnung abhängen, sofern das Reißen der Kernfasern die Festigkeit des Fadens begrenzt, was meist der Fall ist. Dadurch ergibt sich eine wesentlich niedrigere Fadenreißdehnung als die der mittleren Faserreißdehnung. Eine Nichtbeachtung dieses in [3] behandelten und bei der Berechnung der Fadenreißkräfte im Rahmen dieser Arbeit berücksichtigten Sachverhaltes führt zu theoretischen Werten der Fadenreißkräfte und -reißdehnung, die gegenüber den tatsächlichen um ca. 30 bis 40% zu hoch liegen. Die Richtigkeit dieser Aussagen kann u. a. auch durch den Vergleich der theoretisch ermittelten Fadenreißdehnung von 11,8% (Abschnitt 3) mit den tatsächlich vorhandenen Fadenreißdehnungen (Tabelle 1), die bis auf eine Ausnahme (Versuch 9, Tabelle 1) zwischen 9 bis 12% liegen, überprüft werden. Die Fadenreißdehnungen bei den Versuchen 1 und 2 in Tabelle 1 liegen naturgemäß höher durch die geringe Drehung. Es ist hier $l_x > l_F/2$ (vgl. auch Bild 26).

7.2. Der Einfluß der Drehung des Fadens

Durch das Umwinden der Kernfasern mit dem Mantelfaden wird bei Dehnung des Kernwindefadens ein Radialdruck auf die Fasern ausgeübt, so daß diese nicht ungehindert auseinandergleiten können und eine bestimmte Dehnung erfahren. Der Mantelfaden wiederum verliert an Tragfähigkeit, je größer der durch die Umwindung entstehende Winkel β (vgl. Bild 4) wird.

Der maximale Radialdruckanstieg in Abhängigkeit von der Fadendehnung liegt bei einem Steigungswinkel des Mantelfadens von ca. 55° vor, was im Abschnitt 1.3.3 abgeleitet wurde. Der Steigungswinkel β_0, bei dem der Kernwindefaden seine größte Festigkeit hat, liegt entsprechend niedriger und hängt von sämtlichen Faserstoff- und Fadenparametern ab, im besonderen Maße aber vom Verhältnis der Feinheiten von Kern und Mantel.

Aus Bild 15, in dem berechnete und gemessene Fadenreißkräfte in Abhängigkeit vom Steigungswinkel dargestellt sind, ist zu ersehen, daß die maximale Fadenfestigkeit im Vergleich zu klassischen Garnen bei sehr hohen Drehungszahlen liegt. Der zur Zeit in der Praxis übliche Steigungswinkel liegt etwa zwischen 15 und 20°. Man sieht auch weiterhin aus Bild 15, daß oberhalb einer gewissen Drehungshöhe der Anstieg

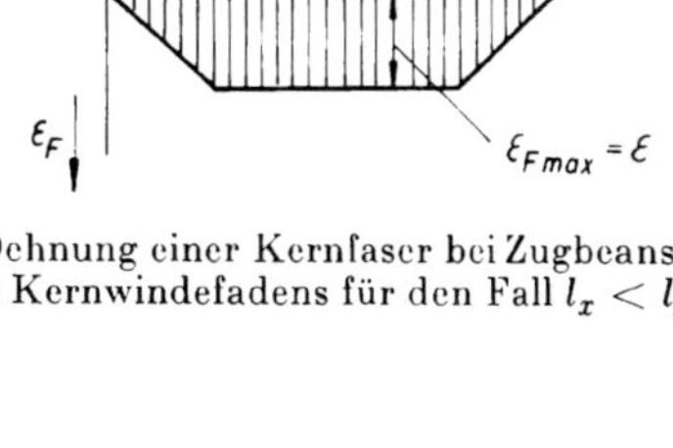

Bild 20. Dehnung einer Kernfaser bei Zugbeanspruchung des Kernwindefadens für den Fall $l_x < l_F/2$

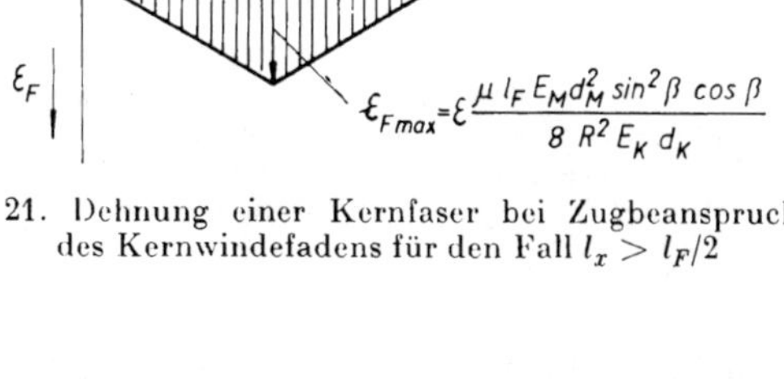

Bild. 21. Dehnung einer Kernfaser bei Zugbeanspruchung des Kernwindefadens für den Fall $l_x > l_F/2$

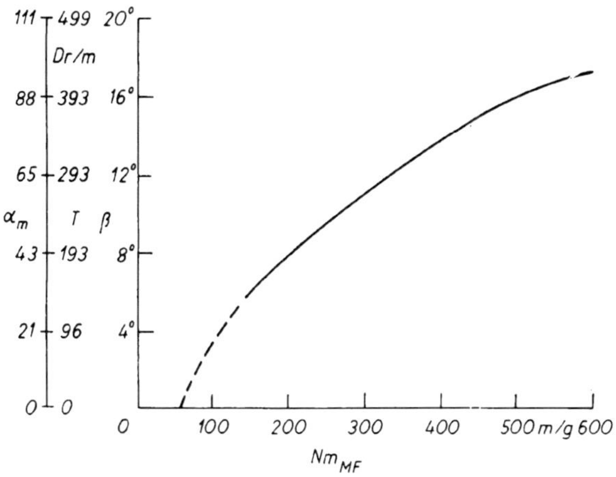

Bild 22. Abhängigkeit der Drehung von der Feinheit der Mantelseide bei konstanter Reißkraft des Kernwindefadens (P_0 = konstant = 590 P)
Kern: Nm 20 (50 tex), VIF 60 mm
Mantel: PAS

der Reißkraft des Fadens bei weiterer Drehungserhöhung nur noch minimal ist. Daraus kann die Schlußfolgerung abgeleitet werden, daß es völlig unwirtschaftlich wäre, für Kernwindefäden die Drehung zu wählen, bei der die Festigkeit maximal wird. Drehungswerte zwischen $\alpha_m = 70$ bis 140 sind für die zur Zeit gebräuchlichen Faserstoffparameter und Fadenfeinheiten real. Am Ende muß der Preis des Fadens entscheiden, so daß für jeden Fall abgewogen werden muß, ob die evtl. geforderte Reißkrafterhöhung durch Erhöhung der Drehung pro Meter oder beispielsweise durch eine stärkere Mantelseide erzielt werden soll.

Im Bild 22 ist dargestellt, wie man bei konstanter Reißkraft eines bestimmten Kernwindefadens die Drehung in Abhängigkeit der Feinheit der Mantelseide verändern kann und umgekehrt.

Die Bilder 23 und 24 zeigen die Veränderung des Steigungswinkels für maximale Fadenreißkraft β_0 in Abhängigkeit von der Feinheit der Mantelseide und der Faserlänge.

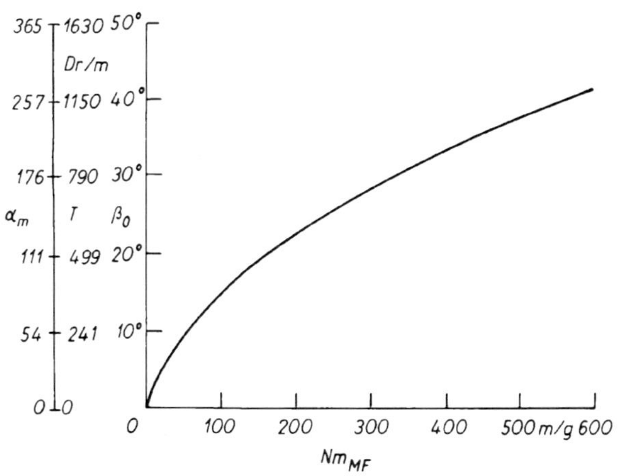

Bild 23. Drehung für maximale Festigkeit des Kernwindefadens in Abhängigkeit von der Feinheit der Mantelseide nach Gleichung (19)
Kern: Nm 20 (50 tex), VIF 60 mm
Mantel: PAS

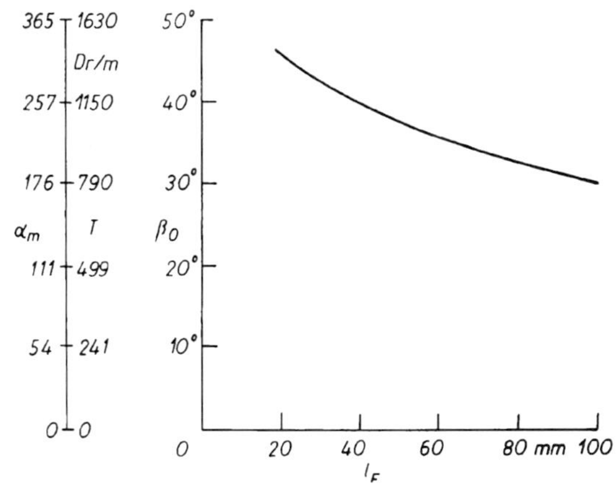

Bild 24. Drehung für maximale Festigkeit des Kernwindefadens in Abhängigkeit von der Faserlänge nach Gleichung (21)
Kern: Nm 20 (50 tex) VIF
Mantel: PAS Nm 450 (2,2 tex)

Die Höhe der Drehung beeinflußt gemäß Gleichung (2) die Gleitlänge und damit den Prozentsatz der Fasern, die im Verband gleiten können. Bild 25 stellt an einem Beispiel diese Abhängigkeit voneinander dar. Ist dieser Anteil der gleitenden Fasern zu groß, beispielsweise durch zu niedrige Drehung, so kommt es nach der Entlastung eines auf Zug beanspruchten Kernwindefadens zu starkem bogenförmigem Ausknicken des Kernes, da dieser im Unterschied zum Mantelfaden, infolge Auseinandergleitens der Fasern, nicht mehr auf seine ursprüngliche Länge zurückgeht. Auf das Problem soll jedoch im Rahmen dieser Arbeit nicht weiter eingegangen werden. Für den Normalfall, bei dem das Reißen der Kernfasern die Fadenreißdehnung bestimmt, ist von einer bestimmten Drehung an die Fadenreißdehnung etwa konstant. Diese Drehung

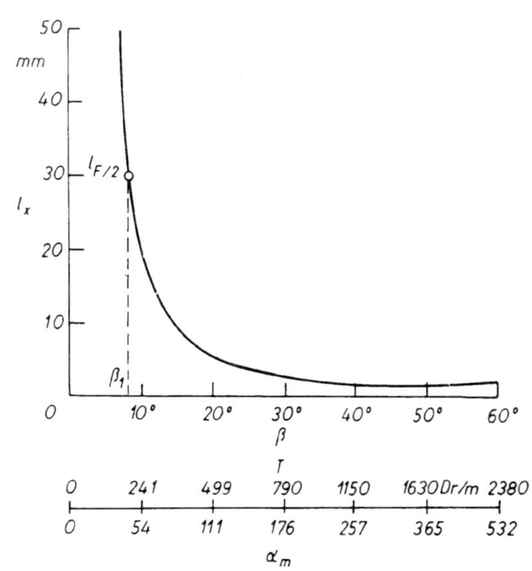

Bild 25. Maximale Gleitfaserlänge lx in Abhängigkeit von der Drehung nach Gleichung (2)
Kern: Nm 20 (50 tex), VIF 60 mm
Mantel: PAS Nm 450 (2,2 tex)

muß so hoch sein, daß l_x wesentlich kleiner ist als $l_F/2$ (Richtwert: $\varepsilon_0 \approx$ konstant für $2\,l_x \leq l_F/2$), da dann genügend Fasern am Gleiten gehindert sind und das in [3] Dargelegte weitgehend Gültigkeit hat. Bild 26 demonstriert diese Verhältnisse anschaulich. Unterhalb dieser Mindestdrehung gleiten die Kernfasern bei Zugbeanspruchung des Fadens zum größten Teil und die Fadenreißdehnung steigt an, bis sie schließlich durch die Reißdehnung der Mantelseide begrenzt wird.

7.3. Der Einfluß der Feinheiten des Mantelfadens und des Kernes

Diese beiden Parameter, die in der Berechnung als Durchmesser der Mantelseide d_M bzw. Radius des Kernes R erscheinen, beeinflussen die Festigkeitsverhältnisse des Kernwindefadens stark, besonders durch ihr gegenseitiges Größenverhältnis. Allgemein gilt, je stärker der Kern und je schwächer der Mantelfaden ist, desto größer muß β werden, damit die Festigkeit des Fadens möglichst groß wird. Die Preise der einzelnen Faserstoffe und der zu erzielende Charakter der Ware setzen besonders für dieses Masseverhältnis zwischen Kern und Mantel die Maßstäbe.

In den Bildern 16 und 18 wird gezeigt, wie sich die Reißkraft eines Kernwindefadens in Abhängigkeit von R und d_M ändert. Beide Größen beeinflussen die maximale Fasergleitlänge l_x quadratisch (Gleichung (2)), während sie in die Funktionen für den Steigungswinkel maximaler Fadenfestigkeit (Gleichung (18) und (19)) mit der vierten Potenz eingehen.

Die Bilder 22 und 23 zeigen den Steigungswinkel β_0 bzw. β für konstante Fadenreißkraft in Abhängigkeit von der Feinheit des Mantelfadens.

7.4. Der Einfluß von Faserlänge und Reibungskoeffizient zwischen den Fasern

Diese beiden Parameter beeinflussen das mechanische Verhalten des Kernwindefadens in gleicher Weise, was darin zum Ausdruck kommt, daß beide gleichartig in die theoretischen Beziehungen eingehen. Sowohl ein großes l_F als auch ein großes μ bewirkt eine hohe Fadenfestigkeit bei sonst gleichen Parametern.

Der Einfluß der Faserlänge auf die Reißkraft des Kernwindefadens ist aus einem Beispiel im Bild 17 ersichtlich. Für die Faserlänge gilt, daß sie möglichst bedeutend größer sein soll als $2\,l_x$, da sonst prozentual zu viele Fasern gleiten können und die Substanzausnutzung des Kernes im Hinblick auf die Festigkeit zu gering ist. Aus Bild 25 kann man hierzu erkennen, daß es bei genügend hoher Drehung möglich ist, Fasern mit einer geringen Länge von beispielsweise 30 mm ohne unvertretbar hohen Festigkeitsverlust zu verwenden. Dies geht aber auf Kosten der Arbeitsproduktivität, weshalb es schließlich unökonomisch wird. Faserlängen von 60 mm und darüber dürften für Kernwindefäden in der hier behandelten Art, d. h. mit einer relativ feinen Seide als Mantelfaden, am zweckmäßigsten sein.

7.5. Der Einfluß der Faserfeinheit

Die Faserfeinheit beeinflußt die Festigkeit des Kernwindefadens im gleichen Maße wie Faserlänge und Reibungskoeffizient. Die Reißkraft des Fadens wächst

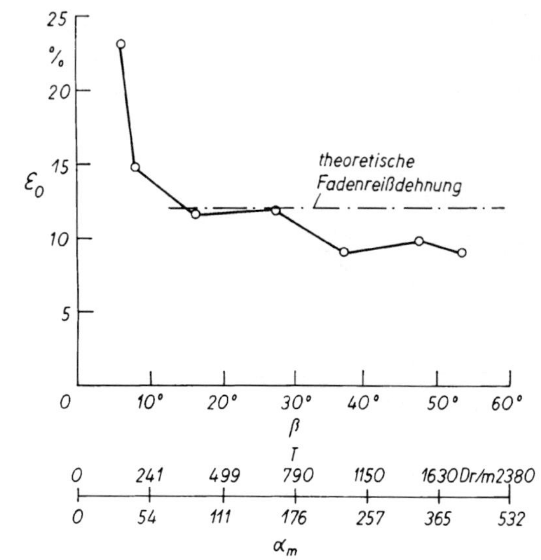

Bild 26. Reißdehnung des Kernwindefadens in Abhängigkeit von der Drehung
Meßwerte nach Tafel 1, theoretischer Wert vgl. Abschnitt 5
Kern: Nm 20 (50 tex), VIF 60 mm
Mantel: PAS Nm 450 (2,2 tex)

mit größer werdender Faserfeinheit, was im Bild 27 an einem berechneten Beispiel gezeigt wird. Aus Gründen einer guten Verarbeitbarkeit in der Spinnerei sind der beliebigen Erhöhung der Faserfeinheit Grenzen gesetzt, zumal die erreichbare Festigkeitserhöhung unerheblich ist.

8. Fadenscheuerprüfung

Abschließend sollen zur Abrundung des Bildes über Kernwindefäden noch die Ergebnisse von zwei Scheuertestprüfungen angeführt werden.

Der Vergleich einer Fadenscheuerprüfung zwischen Kernwindefäden verschiedener Drehung und einem nach Faser (VIF, 57 mm) und Feinheit entsprechenden klassischen Garn bzw. Zwirn ist in Tabelle 3 aufgeführt.

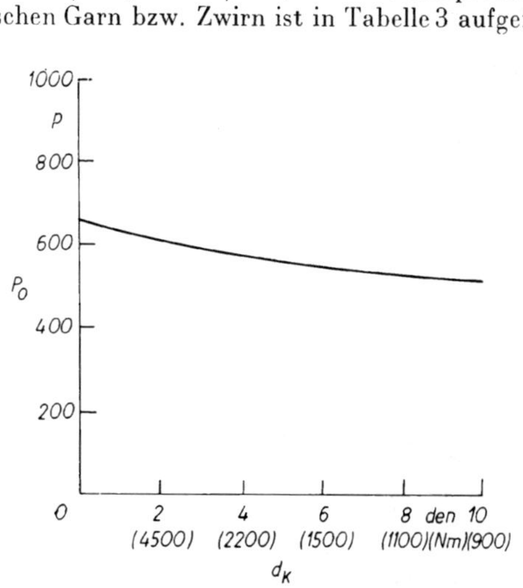

Bild 27. Die Reißkraft des Kernwindefadens in Abhängigkeit von der Faserfeinheit im Kern nach Gleichung (19)
Kern: Nm 20 (50 tex), VIF 60 mm
Mantel: PAS Nm 450 (2,2 tex), $\beta = 15°$

Tabelle 3. Scheuerprüfung von Fäden

Versuchs-Nr.	Faden	Scheuertouren		
		Mittelwert	min.	max.
1	Klass. Zwirn Nm 40/2 (25/2 tex) 550/400 Dr/m	278	170	442
2	Klass. Garn Nm 20 (50 tex) 405 Dr/m	134	99	203
3	Kernwindefaden Nr. 2[1]) 198 Dr/m	291[2])	144[2])	360[2])
4	Kernwindefaden Nr. 3[1]) 408 Dr/m	328	138	675
5	Kernwindefaden Nr. 4[1]) 715 Dr/m	124	50	240
6	Kernwindefaden Nr. 5[1]) 1044 Dr/m	125	56	204

[1]) Versuchsnummer aus Tabelle 1.
[2]) Scheuerwerte, bei denen durch die geringe Drehung das Kernmaterial beseitigt war und nur noch der Seidenfaden trug.

Ein gleiches Vorgarn wurde für alle Varianten verwendet. Jedem Meßwert liegen 50 Einzelwerte zugrunde. Die Prüfung wurde auf einem Zweigle-Scheuergerät bei 10 p Fadenbelastung und einer Scheuerpapiernummer 500 durchgeführt.

Es zeigt sich für das in Tabelle 3 dargestellte Beispiel, daß derartige Kernwindefäden bei einer Fadenscheuerprüfung z. T. besser sein können als ein entsprechender klassischer Zwirn. Besonders zu beachten ist die Tatsache, daß die günstigsten Fadenscheuerwerte des Kernwindefaden bei Drehungswerten liegen, die auch hinsichtlich Fadenreißkraft als optimal herausgestellt wurden.

9. *Pillingprüfung*

Eine im Rahmen dieser Arbeit durchgeführte Pillingprüfung zeigt günstige Werte für Kernwindefäden. Es wurden vier Gestrickproben hergestellt und auf Pillingbildung nach dem Schüttelprinzip im Linitest geprüft. Die Fäden bestanden aus PEF/Wo (55/45), 80 mm, und hatten eine Feinheit von Nm 24 (42 tex). Dabei ergab die aus Garn bzw. Zweifach-Zwirn hergestellte Strickprobe eine Pilling-Stufe von 4, während die beiden aus Kernwindefäden bestehenden Proben die Pilling-Stufe 2 bis 3 erreichten. (Stufe 1 bedeutet die beste und Stufe 5 die schlechteste Pilling-Stufe.)

Als Mantelfaden wird für beide Kernwindefäden PAS Nm 450 (2,2 tex) verwendet. Die Drehungen der beiden Varianten betrugen 450 Dr/m und 900 Dr/m. Trotz der großen Drehungsdifferenz zeigte sich kein Unterschied in der Pillingneigung.

10. *Zusammenfassung*

Die Möglichkeit der Faserbildung durch Umwinden eines ungedrehten Faserkernes mit einer Seide wurde in neuerer Zeit in der DDR im Bereich der VVB Wolle und Seide aufgegriffen. Der dabei entstehende Kernwindefaden, der im betrieblichen Sprachgebrauch als Kerngarn bezeichnet wird, soll hauptsächlich anstelle klassischer Zwirne für Oberbekleidung eingesetzt werden.

Die innerhalb dieser Arbeit durchgeführten theoretischen Untersuchungen und Fadenprüfungen zeigen, daß die Reißkräfte und Reißdehnungen von Kernwindefäden nicht schlechter sind bzw. bei Beachtung einiger spezieller Punkte nicht schlechter zu sein brauchen als vergleichbare Werte von klassischen Garnen. Das trifft selbst dann zu, wenn die Masse der Mantelseide im Verhältnis zur Masse des Kernwindefadens sehr gering ist, beispielsweise 5%.

Das Kraft-Dehnungs-Verhalten und alle damit im Zusammenhang stehenden Fragen konnten bei Wahl geeigneter Näherungen vollständig mathematisch gelöst werden, wobei durchgeführte Fadenprüfungen die Richtigkeit der theoretisch gefundenen Beziehungen beweisen. Hauptparameter, die das Kraft-Dehnungs-Verhalten von Kernwindefäden beeinflussen, sind:

a) Der Verlauf der Faserstoffkennlinien im σ-ε-Schaubild, d. h. der E-Modul der Faserstoffe.
b) Die Reißdehnungen der Faserstoffe sowie die statistische Verteilung der Reißdehnung der Kernfasern.
c) Faserlänge, Faserfeinheit und Reibungskoeffizient zwischen den Fasern.
d) Feinheit der Mantelseide und des Faserkernes.
e) Die Drehung des Kernwindefadens, d. h. die Anzahl Umwindungen der Mantelseide um den Faserkern pro Fadenlänge.

Bei den Faserstoff-E-Moduli, den Reißdehnungen der Faserstoffe sowie den Feinheiten von Kern und Mantel ist das gegenseitige Verhältnis von Kern und Mantel entscheidend. So sollten E-Modul und Reißdehnung des Mantelfaserstoffes größer sein als die entsprechenden Größen des Kernfaserstoffes.

Obgleich die Drehung für maximale Fadenfestigkeit bei Kernwindefäden höher liegt als bei vergleichbaren klassischen Garnen, liegt die optimale Drehung, von der an nur noch ein minimaler Anstieg der Fadenreißkraft erfolgt, in Bereichen, die herkömmlichen Drehungswerten entsprechen.

Sowohl die im Rahmen dieser Arbeit durchgeführte Fadenscheuerprüfung als auch die Pillingprüfung zeigte günstigere Werte für die Kernwindefäden.

Literatur

[1] *Hearle, J. W. S.:* Theoretische Analyse der Mechanik gedrehter Stapelfasergarne. Textile Res. J. **35** (1965) 12, S. 1060—1071.
[2] *Trommer, G.:* Das Aufdrehmoment von Garnen. Faserforsch. u. Textiltechnik **17** (1966) 8, S. 355—362.
[3] *Trommer, G.:* Einfluß der statistischen Häufigkeitsverteilung der Faserreißdehnung auf die Reißdehnung und Reißkraft von Fäden. Faserforsch. u. Textiltechnik **19** (1968) 8, S. 378—383.
[4] *Howell, H. G., Mieszkis, K. W.,* und *Tabor, D.:* Friction in textiles. London: Butterworths Sci. Publ. 1959.

Eingegangen am 25. April 1968

Kurze Mitteilungen[1)]

Beitrag zur Dehnungsermittlung bei unverstreckten Polyamidseiden

DK 677.494.675'126:539.412.1:620.172.2

Einleitung

Beim Zugversuch wird ein Teil des in der Klemme befindlichen Fadens mitgedehnt und täuscht so eine größere Reißdehnung vor. Bei der Ermittlung der Reißdehnung von unverstreckten Polyamidseiden muß dieser Klemmenfehler unbedingt beachtet werden. *Geitel* [1] berücksichtigt den genannten systematischen Fehler durch Messung der Reißdehnung bei verschiedenen Einspannlängen. *Roth* und *Schroth* [3] benutzen zur Vermeidung des Klemmenfehlers die Schlingeneinspannung.

Nachfolgend soll gezeigt werden, daß dieser Fehler auch bei Einbeziehung von nur einer Einspannlänge berücksichtigt werden kann. Das ist insbesondere dann wichtig, wenn die aus der Klemme stammende Zusatzmasse für verschiedene Einspannlängen nicht konstant ist, eine Variation der Einspannlänge nicht möglich ist oder das Schlingenverfahren [3] nicht anwendbar ist.

Bezeichnungen

L_0 = Einspannlänge des Fadens,

L_n = Länge des Fadens zwischen den Klemmen nach dem Zugversuch,

L_k = Länge des aus den Klemmen während des Zugversuches gerutschten Teiles des Fadens,

m_0 = Ausgangsmasse des Fadens = Masse des Fadens mit der Länge L_0,

m_n = Masse des Fadens mit der Länge L_n,

m_k = Masse des Fadens mit der Länge L_k,

$N_0 = \frac{L_0}{m_0}$ = Ausgangsnummer des Fadens[2)],

$N_n = \frac{L_n}{m_n}$ = Nummer des Fadens zwischen den Klemmen nach dem Zugversuch,

$N'_n = \frac{L_0}{m'_n}$,

$\delta_{P\max} = \frac{\Delta L}{L_0}$ = Reißdehnung,

$\delta^\star = \frac{L_n - L_0}{L_0}$ = Unkorrigierte Reißdehnung.

Ausführung

Es wird vorausgesetzt, daß die Masse des aus der Klemme stammenden Fadenstückes infolge homogener Verstreckung mit dem zwischen den Klemmen befindlichen Faden auf den gleichen Enddurchmesser verstreckt wird. Außerdem muß vor und nach dem Zugversuch die Nummer des sich zwischen den Klemmen befindlichen Fadens bestimmt werden.

Mit den o. g. Bezeichnungen ergibt sich für die Reißdehnung

$$\delta_{P\max} = \frac{\Delta L}{L_0} = \frac{L_n - L_0 - L_k}{L_0} = \delta^\star - \frac{L_k}{L_0}. \quad (1)$$

Die vorausgesetzte homogene Verstreckung liefert

$$N_n = \frac{L_n}{m_n} = \frac{L_k}{m_k}, \quad (2)$$

so daß die Gleichungen (1) und (2)

$$\delta_{P\max} = \delta^\star - \frac{N_n m_k}{L_0} \quad (3)$$

ergeben.
Außerdem ist

$$N_0 = \frac{L_0}{m_0} = \frac{L_0}{m_n - m_k}. \quad (4)$$

Die Gleichungen (3) und (4) führen zu dem Ausdruck

$$\delta_{P\max} = \delta^\star - \frac{N_n}{L_0}\left(m_n - \frac{L_0}{N_0}\right) \quad (5)$$

$$\delta_{P\max} = \delta^\star - \frac{L_n}{L_0} + \frac{N_n}{N_0} \quad (6)$$

bzw.

$$\delta_{P\max} = \frac{N_n}{N_0} - 1. \quad (7)$$

Mit Gleichung (7) ist die Reißdehnung innerhalb der o. g. Grenzen exakt bestimmbar. Eine andere Schreibweise von Gleichung (7) ergibt sich bei Benutzung der Nummer N'_n, da

$$N_n = \frac{L_n}{m_n} = \frac{L_0}{m_n}(1 + \delta^\star) = N'_n(1 + \delta^\star) \quad (8)$$

ist. Die Reißdehnung kann mit den Gleichungen (7) und (8) wie folgt dargestellt werden:

$$\delta_{P\max} = \frac{N'_n}{N_0}(1 + \delta^\star) - 1. \quad (9)$$

Korrekturen für Kurvenpunkte der Dehnung unterhalb des Bruchpunktes nach Gleichung (7) oder (9) fallen zu groß aus, weil dann die zusätzlich aus den Klemmen stammende Zusatzmasse kleiner ist.

Die korrekten Werte für die Dehnung unterhalb des Bruchpunktes können erst dann ermittelt werden, wenn der Zugversuch unterbrochen wird und anschließend die zu dieser Dehnung gehörenden Nummern entsprechend Gleichung (9) sinngemäß bestimmt werden.

Bisher wurde die o. g. Art der Berücksichtigung des Klemmenfehlers z. T. im Institut für Textiltechnologie angewendet. *Mieck* [2] konnte bei seinen Untersuchungen die oben abgeleiteten Gleichungen ebenfalls mit Erfolg anwenden.

Herrn Dipl.-Ing. *K. Geitel* gebührt Dank für fördernde Diskussionen.

Literatur

[1] *Geitel, K.:* Beitrag zur Dehnungsermittlung bei kleinen Einspannlängen. Faserforsch. u. Textiltechnik **10** (1959) 5, S. 204—208.

[2] *Mieck, K.-P.:* Untersuchungen über das Verformungsverhalten unverstreckter Polyamidseiden unterschiedlicher Vorbehandlungen im Hinblick auf die Aufklärung der *T*-Masern-Bildung. Diplom-Arbeit TU Dresden 1967.

[3] *Roth, W.*, und *Schroth, R.:* Über das Spinnen und Strecken von Polykondensatfäden. I. Einfluß der Spinnbedingungen auf den Streckvorgang. Faserforsch. u. Textiltechnik **11** (1960) 7, S. 312—319.

Siegfried Kaufmann und *Heinz Dittmann*
Institut für Textiltechnologie
der Chemiefasern Rudolstadt

Eingegangen am 23. Juli 1968

[1)] Die Veröffentlichung der „Kurzen Mitteilungen" erfolgt unter alleiniger Verantwortung der Verfasser.

[2)] Statt Nm wird die Größe N benutzt.

Friedrich Winkler
Institut für Faserstoff-Forschung der DAW
Teltow-Seehof

Standardisierte Begriffe der Textilprüfung und verwandter Gebiete

1. Statische Zugprüfung

Beiblatt R: Systematische und alphabetische Gliederung der Begriffe in russischer Sprache

Blatt 1 R
(Teil 2)[1]
DK 389.6:620.172:168.2

II. Alphabetischer Teil

Die im Teil 2 enthaltenen Begriffe sind nach dem Nestsystem geordnet. Dabei ist das jeweilige Schlagwort innerhalb des Nestes nicht wiederholt, sondern durch seinen ersten Buchstaben und einen Punkt abgekürzt worden, z. B.:

базы
- длина б. образца 1.12.2.
- исходная длина б. 1.12.2.

Die am Ende des Begriffes stehende dreiteilige Nummer weist auf die Stelle des Begriffes im systematischen Teil dieses Blattes, der anderen Beiblätter oder des Grundblattes hin. Tritt der Begriff an mehreren Stellen des systematischen Teils auf, so werden mehrere dreiteilige Nummern aufgeführt. Die Schlagworte selbst sind in ihrer konjugierten oder deklinierten Form aufgenommen.

Es folgt nun die alphabetische Gliederung der Begriffe des statischen Zugversuchs in russischer Sprache.

абсолютное
- а. удлинение образца 1.13.1.

база
- б. тензометра 1.12.2.

базы
- длина б. образца 1.12.2.
- исходная длина б. 1.12.1.

величина
- в. деформации при контрольном определении предела текучести 1.14.51.
- в. деформации при определении предела текучести 1.14.57.

верхний
- в. предел текучести 1.11.20.

виде
- испытание на разрыв в в. лент 1.2.8.

влагопрочность 1.6.1.

воздействия
- коэффициент изменения относительного удлинения после в. жидкости 1.15.5.
- коэффициент изменения предела прочности после в. жидкости 1.22.1.
- относительное удлинение до в. жидкости 1.14.3.
- относительное удлинение после в. жидкости 1.14.14.
- предел прочности до в. жидкости 1.11.10.
- предел прочности после в. жидкости 1.11.31.

возрастание
- в. напряжения 1.20.2.

возрастания
- коэффициент в. жесткости при растяжении 1.6.18.

волокна
- испытание растяжения в., элементарных нитей, волос и щетин 1.2.24.

волокном
- определение разрывной нагрузки и удлинения одиночным в. 1.2.24.

волокон
- определение крепости в. 1.2.24.
- определение прочности разрыв в. 1.2.24.

волос
- испытание растяжения волокна, элементарных нитей, в. и щетин 1.2.24.

ворса
- определение прочности закрепления в. 1.2.38.
- прочность закрепления в. 1.4.34.

восстановление 1.1.33.

временное
- в. сопротивление 1.11.3.

время
- в. разрыва 1.20.1.
- диаграмма «нагрузка — в.» 1.16.10.

вырыванию
- испытание на сопротивление в. иглы 1.2.17.

высокая
- в. эластичность 1.1.12.

вязкая
- в. (замедленная) упругость 1.1.13.

вязко
- в.-упругая деформация 1.1.13.

вязкость
- ударная в. 1.1.17.

гистерезиса
- петля г. 1.16.3.

график
- г. «нагрузка — удлинение» 1.16.11.

движения
- скорость д. нижнего зажима 1.20.3.
- скорость д. нижних зажимов 1.20.3.
- скорость д. нижних тисков 1.20.3.
- скорость д. подвижного зажима 1.20.3.

деформации
- величина д. при контрольном определении предела текучести 1.14.51.
- величина д. при определении предела текучести 1.14.57.

деформация
- вязко-упругая д. 1.1.13.
- д. 1.1.8.
- д. под нагрузкой 1.14.4.
- д. при растяжении 1.14.1.
- идеальная упругая д. 1.1.11.
- кривая напряжение — д. 1.16.2.
- необратимая д. 1.13.9., 1.14.6.
- необратимая (остаточная) д. 1.14.6.
- обратимая д. 1.15.1.
- относительная д. 1.1.8.
- пластическая д. 1.14.6.
- пластическая д. (при нагреве) 1.14.6.
- упругая д. 1.14.7.

деформирования
- скорость д. 1.20.4.

диаграмма
- д. «нагрузка — время» 1.16.10.
- д. растяжения 1.16.2.
- д. «усилие — удлинение» 1.16.11.

динамометр
- д. 1.3.2.
- д. для одиночной нити 1.3.9.
- д. маятникового типа 1.3.6.
- д. с маятниковым силоизмерителем 1.3.6.
- рычажный д. 1.3.6.

длина
- д. базы образца 1.12.2.
- д. рабочего участка 1.12.2.
- д. рабочего участка в момент разрыва 1.12.8.
- д. рабочего участка растянутого образца 1.12.12.
- д. рабочей части образца 1.12.2., 1.12.13.
- д. разрыва 1.12.8.
- д. расчетной части образца 1.12.2.
- зажимная д. 1.12.1.
- исходная д. базы 1.12.1.
- конечная расчетная д. образца 1.12.8.
- начальная расчетная д. образца 1.12.2.
- окончательная расчетная д. 1.12.8.
- первоначальная д. 1.12.1.
- первоначальная д. рабочего участка 1.12.2.
- первоначальная расчетная д. 1.12.2.
- рабочая д. образца 1.12.1.
- разрывная д. 1.7.2.
- разрывная д. нити 1.7.17.
- разрывная д. пасмы 1.7.18.
- разрывная д. пряжи 1.7.17.
- разрывная д. штапелька 1.7.14.
- расчетная д. 1.12.9.
- расчетная д. после проведения испытания 1.12.8.

длине
- начальная площадь поперечного сечения на рабочей д. 1.10.1.
- начальная площадь поперечного сечения на расчетной д. 1.10.1.

длительность
- д. разрыва 1.20.1.

добротность
- д. пряжи 1.7.19.

допуск
- д. на удлинение 1.14.51.

дуктильность 1.1.29.

[1]) Teil 1 s. 531—537

Moderne Garn-Herstellung

53. Konferenz des Textile Institute in Stresa 1968

DK 061.3.055.1(45) "1968":677.1.5:677.061.1

Vom 24. bis 29. Mai 1968 fand in Stresa, Italien, die 53. Konferenz des „Britischen Textile Institute" statt, die unter dem Generalthema „Moderne Garn-Herstellung" stand. Es nahmen ca. 200 Fachleute aus 17 Ländern (Großbritannien, Italien, Frankreich, Holland, Belgien, Dänemark, ČSSR, DDR, Ungarn, Schweiz, Westdeutschland, Spanien, Portugal, Schweden, Japan, Südafrika und USA) teil.

Am ersten Tag der Konferenz wurde nach Begrüßungsansprachen des Präsidenten des Textile Institute und des Bürgermeisters der Stadt Stresa die „Mather Lecture" über das Thema „Übermolekulare Strukturen und Fasereigenschaften" gehalten, und zwar von Prof. *Centola*, Mailand. Der Vortragende gab eine Übersicht über verschiedene bekannte Theorien bzw. Strukturmodelle (*Meyer/Mark*, *Preston*, *Kobayasha*, *Dolmetsch*) und erläuterte die Notwendigkeit, die Fasereigenschaftsforschung durch die Faserstrukturforschung zu ergänzen, um so möglicherweise neue Strukturen als Grundlage für die Erzielung neuer Eigenschaften zu finden. So werde z. B. daran gearbeitet, die Zugfestigkeit aus der Kettenlänge abzuleiten und die Querfestigkeit aus der Kettendichte. In diesem Zusammenhang wurde auch auf die Bedeutung von Quellungsuntersuchungen hingewiesen. Vom Vortragenden in den letzten Jahren erzielte Strukturforschungsergebnisse stellten eine wichtige Grundlage für Veredlungsprozesse dar. Besondere Bedeutung wurde dem Strukturmodell *Hearles* beigemessen, wonach teilweise parallele Fibrillenbündel miteinander durch lose Fibrillen in den parakristallinen Bereichen verbunden sind.

Abschließend wurde betont, daß auf Grund der noch relativ großen Kenntnislücken auf dem Gebiet der Faserstruktur noch viel systematische Arbeit zu leisten sei. Zur Zeit werde technologisch überall daran gearbeitet, Polymere mit unterschiedlichen Kettenlängen an Grundpolymere zu binden.

Die unter dem oben genannten Generalthema stehenden Vorträge waren an den folgenden Konferenztagen im wesentlichen unter den Thematiken: Neuartige Fäden und Herstellungsverfahren, Break-Spinning (Open-end Spinning), Probleme des Streckwerkverzuges und der Garnungleichmäßigkeit zusammengestellt. In der Regel beschränkten sich die Vortragenden auf Ergänzungen und Erläuterungen zu den in einem Preprint vorliegenden Manuskripten, um der Diskussion ausreichend Raum zu geben.

Folgende Vorträge wurden gehalten:

Dr. *P. Volans* und Dr. *P. D. Changani* (Großbritanien): Ein neuer Prozeß zur Herstellung von Faser-Netzwerkgarnen aus Polypropylen und Hochdruck-Polyäthylen.

Bisher bekannte Verfahren zur Fibrillierung von Bändchen, beispielsweise während des Zwirnens, ergaben zunächst relativ grobe „Split"-Fasern mit einer auf Grund der Längsorientierung rechteckigen Gestalt. Die Aufspaltung konnte bis zu 5 den-Fasern getrieben werden, und die Fa. Bamag hat kürzlich ein produktives Verfahren zur Herstellung von Garn aus Bändchen entwickelt, das auch texturiert werden kann. Gegenüber diesen bekannten Methoden führt der im Vortrag vorgestellte neue — dreistufige — Prozeß zu einem räumlichen Faser-Netzwerk mit verschiedenen Orientierungsrichtungen der Fibrillen. Hierzu wird von einem Polymerschaum mit etwa 5 µm Zellengröße und sehr dünnen Zellwänden ausgegangen, der nach der Extrusion Schaumfäden von mehreren 1000 den Feinheit ergibt. Diese Schaumfäden erfahren anschließend einen kontinuierlichen Verzug von mehr als 600% in einer geheizten Kammer und liegen dann bereits in einem verarbeitungsfähigen Zustand vor, wie an einigen Gewebemustern (sehr weicher Griff, glänzende Oberfläche) demonstriert wurde. Darüber hinaus können die Fäden eine Fibrillierung durch verschiedene mechanische Behandlungen bei höheren Geschwindigkeiten (bis zu 330 m/min) erfahren. Hieraus resultiert ein Fadencharakter, der dem eines Stapelfasergarnes entspricht. Anhand ausgezeichneter Stereoscan-Mikroaufnahmen wird der dreidimensionale Aufbau des „Netzwerkgarnes" mit Fibrillen von etwa 1 den gezeigt. Die Fadenfestigkeiten sind beachtlich (max. etwa 4,5 p/den bei POP); sie hängen von den Herstellungsparametern ab, worauf vom Vortragenden anhand zahlreicher Versuchsergebnisse im einzelnen eingegangen wird.

Polypropylen-„Netzwerkfäden" ergeben höhere Gewebefestigkeiten als Fasergarne aus Polypropylen. Die Gewebe werden im äußeren Erscheinungsbild, vor allem in bezug auf den weichen Griff, günstiger als solche aus „Split"-Fäden eingeschätzt. Der realisierbare Feinheitsbereich liegt z. Z. zwischen 100 und 2000 den, wobei die Herstellung der feineren Fäden größere Schwierigkeiten bereitet als die der gröberen. Dem neuen Verfahren werden gute Zukunftsaussichten vorausgesagt, da es zu billigen Fäden mit Garncharakter für einen breiten Anwendungsbereich führt.

F. Vroomen und Prof. *F. Monfort* (Belgien): Eine neue Verzugstheorie.

Der Vortrag befaßte sich im ersten Teil mit einer neuen Verzugstheorie, die insbesondere den Verzug von Faserbündeln mit annähernd gleicher Lage der Faser-Kopfenden im Faserband berücksichtigt. Umfangreiche mathematische Ableitungen haben zum Ergebnis, daß sich die Bündelstruktur mit zunehmender Zahl der durchlaufenen Passagen abbaut, das Band somit der Idealstruktur nach *Spencer-Smith* und *Todd* näherkommt und auch an Gleichmäßigkeit gewinnt. Im zweiten Teil werden die theoretischen Ergebnisse mit verschiedenen experimentellen Ergebnissen aus Spinnversuchen mit unterschiedlichen Verzugssystemen verglichen und gute Übereinstimmung festgestellt. In der *Diskussion* kamen u. a. der Einfluß der Faserlängenverteilung sowie des Maschinenzustandes, der sich während einiger Monate ändert, auf die Gleichmäßigkeit zur Sprache.

T. Chujo (Japan): Seiden aus kombinierten Elementarfäden.

In der Textilindustrie sind mit Fasermischungen zur Erzielung bestimmter Garneigenschaften beachtliche Fortschritte gemacht worden. Das Mischen von endlosen Fäden (Chemieseiden) stellt bis heute jedoch noch ein besonderes Problem dar. Voraussetzung für eine innige Mischung ist die vorangehende Auflösung der Komponenten in feine Elemente. Hierfür wurde eine neuartige Lösung gefunden, die auf der Anwendung von Hochspannung beruht. Die Elementarfäden der zu mischenden Seiden werden im kontinuierlichen Prozeß bei hohen Geschwindigkeiten gespreizt, indem auf die Seide zunächst eine leitfähige Flüssigkeit aufgetragen und nachfolgend eine elektrische Spannung von 30000 V angelegt wird. Über eine zweite Elektrode wird ein Stromkreis geschlossen, in dem die leitfähig gemachten Elementarfäden parallele, sich gegenseitig abstoßende Leiter darstellen (elektrodynamisches Prinzip). Die durch einen Regler automatisch konstantgehaltene Spreiz-Breite des Fadens erreicht 60 mm. Mit Hilfe des Verfahrens können Fäden aus allen Faserrohstoffen und mit verschiedenen Feinheiten gespreizt und in diesem Zustand miteinander kombiniert werden.

Anhand von Geweben aus Acetat/Polyester-Mischfäden mit unterschiedlichen Mischungsverhältnissen wurde gezeigt, daß sich Eigenschaften erzeugen lassen, die zwischen denen beider Komponenten liegen, darüber hinaus jedoch auch neuartige Effekte erreichbar sind. So kann beispielsweise der bessere Tragekomfort der Cellulose-Regeneratseide mit der höheren Gebrauchstüchtigkeit der Syntheseseide kombiniert werden. Hinsichtlich der Scheuer- und Knitterbeständigkeit ergeben sich bessere Eigenschaften, als sie von vornherein aus den Komponenten abzuleiten wären.

Besonders hervorgehoben wird die Möglichkeit einer differentiellen Wärmeschrumpfung beider Komponenten im Gewebe, um diesem einen bauschigen Charakter zu verleihen. Gegenüber Schrumpfgarnen kann der prozentuale Schrumpfungsunterschied auf Grund der kompakteren Struktur der Seide wesentlich geringer sein, um bereits beachtliche Effekte im Gewebe zu erzielen.

Aus der *Diskussion* ging u. a. hervor, daß neben der bereits in Produktion befindlichen Mischseide Acetat/Polyester bisher zwei verschieden schrumpfende Polyester sowie Polyester/Viskoseseide produktionsmäßig getestet wurden. Mit Polyamid/Acetatseide liegen Erfahrungen nicht vor. Den durch unterschiedliche Dehnbarkeit beider Komponenten bedingten Schwierigkeiten wird durch eine spezielle Nachbehandlung der Gewebe Rechnung getragen.

G. Amory (Belgien): Neue Entwicklungen auf dem Glasfaserstoffgebiet.

Einleitend wird für den Nicht-Fachmann ein weitgefaßter Überblick über die Herstellung von Glasseide und Glasfasergarnen sowie deren chemische Zusammensetzung, Struktur und Anwendungseigenschaften gegeben. Hervorgehoben wird insbesondere die Notwendigkeit einer außerordentlich konstanten Temperatur-Viskositätsbeziehung des Spinnglases; bereits geringste Änderungen der Glaszusammensetzung und der Temperatur müssen durch nahezu absolut genaue Regelungen vermieden werden. Owens-Corning Fiberglas Corp. hat deshalb neuerdings Computer in einem „D. D. C.“-System (direct digital control) zur Regelung von Drücken, Temperaturen, Sauerstoffgehalt und Glasniveau an der Glasschmelzwanne eingesetzt, womit infolge exakter Einhaltung dieser Größen die erforderliche gute Homogenität des Glases bei konstanter Temperatur erreicht wird. Als weitere technologische Neuerung wurde das Ziehen des Spinnfadens mit konstantem Verzug genannt, um eine konstante Feinheit des Fadens zu erzielen.

Hinsichtlich der Anwendung von Glasseide fanden als gefestigte Einsatzgebiete die Elektroisolation, die verstärkten Plaste und die Dekorationstextilien besondere Erwähnung, wobei für technische Zwecke Seiden mit 9 μm und für den Dekorationssektor solche mit 6 μm Elementarfadendurchmesser eingesetzt werden. Die seit einiger Zeit produzierte Seide mit 3 μm Elementarfadendurchmesser („Beta-Garn“), die weitere Verbesserungen der Herstellungstechnologie zur Voraussetzung hatte, findet hauptsächlich auf Grund ihrer geringeren Biegesprödigkeit und damit auch höheren Schlingenfestigkeit gleichfalls für Heimtextilien Verwendung, z. B. auch für Bettdecken und Matratzenstoffe. Zur Zeit wird sowohl beim Glasseidenhersteller als auch seitens der Textilindustrie an der Entwicklung von besonderen Färbe- und Ausrüstungssystemen gearbeitet, die die Weichheit von „Beta-Garn“-Textilien nicht beeinträchtigen. Hervorgehoben wird die Möglichkeit, „Beta-Garn“ auf allen Wirkereimaschinen zu verarbeiten.

Besondere Erwähnung findet am Schluß des Vortrages das in den letzten Jahren erfolgreich bearbeitete Problem der Verstärkung von Gummierzeugnissen mit Glasseide. Als notwendig erwies sich die Umhüllung der einzelnen Elementarfäden im Cord mit einer schützenden Zwischenschicht, die zugleich gute Bindungseigenschaften zum Gummi aufweist. Nach dem Auftrag einer speziellen Schlichte beim Spinnen wird hierzu der Faden nachträglich mit Resorcin/Formaldehyd-Latex imprägniert. Glasseidencorde werden bereits industriell zur Verstärkung von Zahnriemen und neuerdings auch von Reifen eingesetzt. Die Glasseidenverstärkung des Reifens machte jedoch aus verschiedenen Gründen eine Änderung der Reifenkonstruktion notwendig. Zur Zeit im Handel befindliche Fabrikate enthalten eine Kombination von Diagonalkarkasse aus organischem Cord mit einem Glascord-Gürtel. Es wird eingeschätzt, daß die besonderen Eigenschaften der Glasseide im Reifen heute noch nicht voll genutzt werden und ein Erreichen dieses Zieles nicht nur Verbesserungen in der Gestaltung der Verstärkung, sondern auch der Gummizusammensetzung voraussetzt.

S. M. Ibrahim (USA): Grundlagen von Kern-Mantelfäden aus Textur- und Elastomerseiden.

Unter den hochdehnbaren Fäden stellen Kerngarne aus texturierten und Elastomerseiden eine der neuesten Entwicklungen dar. Die Elastomerseide wird mit einer Texturseide umwunden und stellt — je nach Einsatzgebiet des Fadens — einen Masseanteil von etwa 10 bis 60%. Im Vortrag werden anhand zahlreicher Untersuchungsergebnisse die Einflüsse technologischer Variablen des Herstellungsprozesses und der Ausgangsfäden (LYCRA und falschdrahttexturiertes NYLON) auf die Eigenschaften des Kerngarnes dargestellt. Als wichtige Einflußgrößen erscheinen die Drehungshöhe und die Drehungsrichtung in beiden Komponenten, besonders in bezug auf die Gleichmäßigkeit des Fadens, seine Bauschigkeit und die Bedeckung des Kernes. Die besten Ergebnisse wurden bei Übereinstimmung der Umwinderichtung mit der Falschdrahtrichtung der Texturseide erhalten. Höhere Falschzwirndrehung führte zu höherer Gleichmäßigkeit und Bauschigkeit des Fadens, während niedrige Fach-Umwindedrehungen gegenüber höheren generell befriedigende Ergebnisse bei verschiedenen, auch niedrigen Falschzwirndrehungszahlen ergaben.

Variiert wurde ferner die Feinheit und Zahl der Elementarfäden in der Texturseide, das Masseverhältnis beider Fadenkomponenten sowie die Art des Mantelfadens und hieraus u. a. die Beiträge der Komponenten zum Kraft-Dehnungsverhalten und Erholungsvermögen des Gesamtfadens abgeleitet. Es wurde festgestellt, daß das *K-D*-Verhalten in erster Linie vom Elastomerfaden bestimmt wird und kaum von der Feinheit der Texturseide abhängt. Letztere kann deshalb dem gewünschten Oberflächeneffekt entsprechend gewählt werden.

Die beschriebenen Fäden eignen sich für eine Reihe von Stretch-Erzeugnissen, beispielsweise für Skibekleidungsstoffe, denen sie gegenüber Texturseiden allein eine größere Dehnbarkeit bei bestimmter Belastung und ein höheres Erholungsvermögen verleihen. Gegenüber konventionellen Kerngarnen bieten sie die Vorteile eines variablen Oberflächencharakters und generell niedrigerer Kosten.

Dr. *H. Catling* (Großbritannien): Vergleich der Vorteile der hauptsächlichsten Break-Spinning-Systeme.

Einleitend wird eine Klassifikation der Break-Spinning-Verfahren nach vier Gruppen gegeben:

1. Verfahren, bei denen die Fasern mit Hilfe einer Wirbelströmung tangential an das Fadenende angelegt werden (z. B. *Götzfried*).
2. Verfahren mit axialer Zufuhr der in einem Strömungsmedium befindlichen Fasern zu einem rotierenden Drallgeber (z. B. *Pavek*).
3. Verfahren mit tangentialer Ablage von Faserbündeln auf einem rotierenden Zylinder unter Verzug derselben und zentralem Abzug des Garnes durch eine Bohrung (*Barker*).
4. Verfahren, die nach einem flyerartigen Prinzip mit Ablage der Fasern auf oder in der Mantelfläche eines rotierenden Zylinders bzw. Hohlzylinders und in letzterem Falle Abzug des Garnes durch die hohle Antriebswelle arbeiten (z. B. *Berthelsen*).

In einem umfangreichen Versuchsprogramm wurden 41 verschiedene, nach den vier Prinzipien angefertigte Funktionsmodelle hinsichtlich technologischer Handhabbarkeit, Garneigenschaften einschließlich Gewebeausfall, großtechnischer Realisierbarkeit und Ökonomie getestet.

Bei dem Wirbelströmungsverfahren (Gruppe 1) erwies sich die Nachschaltung eines Falschdrallgebers als notwendig. Dennoch konnten nur weiche Garne mit geringer Festigkeit und begrenztem Einsatzbereich erhalten werden. Als grundsätzlich vorteilhaft sind jedoch die niedrigen Maschinen- und Energiekosten anzusehen.

Einrichtungen der Gruppe 2 erforderten größeren technischen Aufwand, arbeiteten bei relativ geringem Energiebedarf zufriedenstellend, ließen jedoch noch Wünsche hinsichtlich der textilen Eigenschaften offen. Elektrostatische Einrichtungen erwiesen sich als ungeeignet für höhere Geschwindigkeiten.

Das in den USA entwickelte Verfahren nach Gruppe 3 erfordert für höhere Geschwindigkeiten (15000 U/min) zusätzliche technische Maßnahmen, um die Faserordnung aufrecht zu erhalten, und führt weder bei feineren noch bei gröberen Garnen zu hinreichend guten Eigenschaften.

Bei der Gruppe 4 haben sich im heutigen Entwicklungsstadium rotierende Hohlzylinder (Spinntöpfe) gegenüber benadelten Walzen durchgesetzt. In Versuchen mit transparenten Plast-Töpfen wurde die Fadenbildung mit Hilfe von Blitzaufnahmen studiert. Die Garnfestigkeit liegt 10 bis 20% niedriger als bei ringgesponnenen Garnen, jedoch ergibt sich auf Grund größerer Bauschigkeit ein besseres Deckvermögen. Wesentlich größer ist auch die Scheuerfestigkeit.

Aus ökonomischen Betrachtungen ergibt sich, daß das Break-Spinning-Verfahren billigere Garne als das Ringspinnverfahren liefern kann, wobei der Kostenvorteil mit zunehmender Garnfeinheit abnimmt.

Abschließend wird festgestellt, daß der Maschinentyp mit Spinntopf zur Zeit vor allen anderen dominiert und zumindest die erste Generation von Break-Spinn-Maschinen darstellen wird. Eine im Verlaufe der Diskussion angeregte Einigung auf einheitliche Anwendung eines bestimmten Terminus — z. B. Openend-(„OE"-)Verfahrens — konnte nicht erzielt werden.

Dr. *B. Edberg* (Schweden): Eine Grundlagenuntersuchung über das Verhalten von Baumwollfasern unter Einwirkung aerodynamischer Kräfte.

Die Arbeit zielt darauf ab, Kenntnis über Möglichkeiten der Faserparallelisierung und Verstreckung im Spinnprozeß zwischen Karde und Feinspinnmaschine mit aerodynamischen Mitteln zu erlangen, da hierüber bisher kaum Untersuchungsergebnisse vorliegen. Hierzu wurden sowohl theoretische als auch experimentelle Studien mit laminaren sowie turbulenten Luftströmungen durchgeführt. Voruntersuchungen mit mechanischen Feinmeßinstrumenten dienten der Bestimmung der zur Entkräuselung verschiedenartiger Fasern erforderlichen Kräfte. Mit laminaren Luftströmungen niedriger Geschwindigkeit konnten mechanische Effekte an Fasern nicht erzielt werden, da die aerodynamischen Kräfte hierzu nicht ausreichen. Versuche in einem Windkanal zeigten jedoch, daß in turbulenten Luftströmen mit Geschwindigkeiten zwischen 10 und 100 m/s eine Faserparallelisierung möglich ist. Aus zahlreichen Versuchen mit veränderten aerodynamischen Bedingungen, insbesondere mit unterschiedlichem Konuswinkel einer Beschleunigungsstrecke („Parallelisierungszone"), wurden anhand fotografischer Aufnahmen der Faserlagen im Faser-Luft-Strom die optimalen technischen Bedingungen abgeleitet. Eine Beschleunigung des Faser-Luft-Stromes von 30 auf 100 m/s erhöhte die relative Zahl der parallelen Fasern von 48 auf 90%; in einzelnen Fällen konnten die Fasern zu 100% parallelisiert werden. Mit zunehmendem Geschwindigkeitsgradienten nimmt die Faserparallelisierung zu, erreicht jedoch bei einem Gradienten von 1000 bis 2000 s^{-1} einen konstanten Maximalwert.

Die Ergebnisse erscheinen z. Z. noch nicht praktisch nutzbar, da das Problem der Faserentnahme aus dem beschleunigten Luftstrom bzw. des Betriebes einer entsprechend schnell laufenden Spinnmaschine noch nicht gelöst ist.

Prof. W. *Krause* (Schweiz): Open-end-Spinnen und Garnqualität.

Der Vortragende bringt zunächst die Forderung zum Ausdruck, daß die Eigenschaften von OE („Open-end")-Garnen denen von ringgesponnenen hinsichtlich Festigkeit, Gleichmäßigkeit und Fertigproduktqualität entsprechen müssen. Aus dieser Sicht werden die OE-Verfahren einer systematischen Analyse unterzogen und hierzu nach grundsätzlichen Verfahrensschritten unterteilt: Trennung des Fasermaterials; Auflösung in Einzelfasern oder Fasergruppen; Transport dieser Elemente; Vereinigen und Zwirnen der Elemente. Die Frage der bei OE-Garnen mitunter recht guten Gleichmäßigkeit, jedoch oft ungenügenden Festigkeit, hängt hauptsächlich von den speziellen Bedingungen während des Fasertransportes durch die „Break"-Zone und ihrer Vereinigung ab. Speziell auf diese beiden Hauptphasen des Prozesses richteten sich deshalb die Untersuchungen des Vortragenden, wobei zwischen einem „positiv geführten" Fasertransport durch die „Break"-Zone, z. B. durch mechanische Hilfsmittel, und einem „freien" Fasertransport, z. B. durch Luftströmung, einerseits sowie einer zufälligen, neuen Faseranordnung im Garn oder einer vom Vorgarn her aufrechterhaltenen andererseits unterschieden wird. So ergeben sich aus der Kombination nach diesen für die Garnungleichmäßigkeit bedeutsamen Gesichtspunkten geordnete Kategorien, nach denen die verschiedenen, bisher bekannten Verfahren in grundsätzlicher Weise beurteilt werden. Verfahren mit „positiver" Faserzuführung ergeben eine den Ringgarnen ähnliche Fadenstruktur; es gilt die *Martindale*-Gleichung für den idealen Variationskoeffizienten.

Verfahren mit „freiem" Fasertransport, die am häufigsten vertreten sind, benutzen in der Regel Luft als Transportmedium und ergeben eine nahezu ideale Faserverteilung im Querschnitt, wenn Fasern einem mechanischen Verzugssystem entnommen werden und danach die durchschnittliche Faserzahl im Querschnitt weniger als 3 beträgt. Untersuchungen des Autors mit derartigen Verfahren zeigten auch, daß insbesondere „freier" Fasertransport sowie eine neue, zufällige Anordnung der Fasern im Garn zu gleich guten oder besseren Gleichmäßigkeiten als der Ringspinnprozeß oder Verfahren mit Aufrechterhaltung der Faserordnung führen; letztere erfordern langstapliges Material oder eine sehr exakt definierte Verzögerung der Fasern auf der Strecke zum Garnbildungspunkt.

Für den idealen Variationskoeffizienten beim OE-Verfahren wird durch Einführen der Faserlänge und der Länge der „Break"-Zone eine von der *Martindale*-Gleichung abweichende spezielle Formel aufgestellt.

Dr. *H. J. Selling* und *C. Bok* (Holland): Ein neues Verfahren zur Herstellung drehungsfreier Garne.

Um die bei konventionellen Spinnverfahren durch die maximal anwendbare Spindeldrehzahl gegebene Grenze der Spinngeschwindigkeit zu überschreiten, wurde neuerdings neben der Richtung des Open-end-(Break-)Spinnens auch die Richtung des Spinnens ohne Drehung (twistless bzw. zero-twist spinning) wieder verfolgt. Vor etwa 10 Jahren war in den USA bereits ein Spinnverfahren bekannt geworden, bei dem das auf konventionelle Weise verzogene Bändchen nach Verlassen des Lieferzylinders einen Klebstoffauftrag zur Verbindung der Einzelfasern miteinander erhielt. Man erreicht etwa die dreifache Liefergeschwindigkeit gegenüber der normal üblichen. Das Verfahren hat sich trotz guter Garneigenschaften nicht in die Produktion eingeführt.

Die neue, im Vortrag beschriebene Technologie basiert auf der überraschenden Feststellung, daß Fasern im nassen Zustand auf Grund der guten Faser-an-Faser-Haftung mit einfachen Zweizylinderstreckwerken außerordentlich schnell und gleichmäßig verzogen werden können. Während die Grenze der Liefergeschwindigkeit bei normalen Baumwoll-Ringspinnstreckwerken im Hinblick besonders auf Gleichmäßigkeit des Verzuges bei etwa 50 m/min liegt, konnten mit „Naßverzug" ohne mechanische Führungsmittel im Streckfeld erstaunlich gute Garngleichmäßigkeiten bei 100 m/min (bis zu 300 m/min!) erhalten werden; hierbei nimmt die Ungleichmäßigkeit mit zunehmender Geschwindigkeit ab, und von der Streckfeldweite ist sie im Bereich von 4,5 bis 7,5 cm (Stapellänge 1 3/8") unabhängig.

Der Prozeß setzt eine chemische, z. B. Alkali-Behandlung der Vorgarnspule zur besseren Benetzung der Fasern voraus. Die zur Faserverklebung erforderliche Stärke wird erst am Lieferzylinder aufgetragen, und zwar im ungequollenen Zustand. Nach dem Streckwerk wird der Faden durch ein pneumatisches Falschdrahtorgan gerundet und verdichtet. Das Garn erfährt auf der Kreuzspule eine Dampfbehandlung, die zum Quellen der Stärke führt, und eine abschließende Trocknung.

Die mit 100 m/min hergestellten Garne ließen sich ohne Schwierigkeiten umspulen und wie normale geschlichtete Garne verweben. Mit kardiertem Garn wurden in Abhängigkeit vom Stärkegehalt Reißlängen zwischen 10 und 14 km erzielt; für Schußfäden wird ein geringerer Stärkegehalt angewandt als für die Kette.

Prüfungen am Gewebe zeigten eine sehr gute Deckfähigkeit der Fäden und eine erstaunlich hohe Waschbeständigkeit, selbst bei relativ offenen Geweben. Nach 150 Trage- und Waschzyklen waren die Gewichtsverluste nicht größer als bei Geweben aus Normalfäden. Dem neuen Verfahren wird große Beachtung geschenkt.

V. Rohlena (ČSSR): Open-end-Spinnen in der Tschechoslowakei.

Der Vortrag bringt einleitend eine ausführlichere Übersicht über eine Reihe tschechoslowakischer und anderer OE-Spinnvorrichtungspatente und beschreibt dann eingehender die in der ČSSR bereits produzierte Maschine Typ BD 200, die mit einem Rotor arbeitet. Gegenüber dem Prototyp KS 200 mit 4-Zylinderstreckwerk und Riemchen weist diese eine wesentlich vereinfachte Verzugseinrichtung in Form einer Kammwalze („combidraft system") auf, die zugleich für einen größeren Nummernbereich geeignet ist (50 bis 15 tex). Außerdem wurde der Rotor verändert.

Die weiteren Ausführungen betreffen Produktionserfahrungen aus einer Pilotanlage mit 10 Maschinen, die in der ČSSR im August 1967 in Betrieb genommen wurden: Garn der Feinheit 50 tex wird beispielsweise mit 50 m/min gesponnen; eine Spinnerin bedient 2000 Spindeln. Unter den Garneigenschaften wird besonders die auf kurze Längen bessere Gleichmäßigkeit als bei Ringgarnen hervorgehoben; die geringere mittlere Festigkeit werde durch eine geringere Festigkeitsstreuung ausgeglichen. Außerdem wirke sich eine höhere Bruchdehnung der Garne vorteilhaft aus. Einer Zusammenstellung aller Eigenschaftsvorteile des OE-Garnes schließen sich Verarbeitungsvorteile an, die vor allem aus der höheren Scheuerfestigkeit der Garne und den großen an der Spinnmaschine anfallenden Garnkörpern resultieren. Abschließend wird darauf hingewiesen, daß die neue Maschine Ansatzpunkte für weitere Automatisierungen von Teilvorgängen und für eine Erhöhung der Rotordrehzahl bietet. Anhand von Filmen wurden die Arbeitsweise der Maschine sowie der Garnbildungsvorgang im Rotor demonstriert.

Dr. *P. R. Lord* (Großbritannien): Wohin entwickelt sich das Break-Spinnen?

Der Autor legt seinen Ausführungen zunächst eine Klassifizierung der verschiedenen OE-Spinnverfahren zugrunde, die sich etwa mit der von *Catling* vorgenommenen deckt. Haupt-Ordnungs-Gesichtspunkte sind die Kräfte, die den Spinnprozeß bewirken (z. B. mechanische, aerodynamische, elektrostatische) einerseits sowie der Weg, auf dem die Fasern an die Fadenbildungsstelle herangeführt werden (z. B. radial, tangential, axial) andererseits. Das erste Patent auf eine OE-Spinnvorrichtung, das das heute angewandte System fast genau beschreibt, wurde *Williams* bereits 1807 erteilt!

Dem *Barker*-System werden auf Grund der notwendigen Unterdruckerzeugung wenig Zukunftsaussichten eingeräumt.

Verfahren mit axialer Faserzufuhr gestatten auf Grund der kleinen Rotationskörper grundsätzlich hohe Drehzahlen sowie den Betrieb mit unterschiedlichen Faserlängen, besonders Langfasern, erfordern jedoch gleichfalls relativ großen Aufwand.

Luftstromverfahren (air-vortex) bieten den grundsätzlichen Vorteil, daß auf bewegte Maschinenelemente verzichtet werden kann. Im allgemeinen werden mangelhafte Garne bei nur niedrigen Produktionsgeschwindigkeiten erhalten, jedoch sind durch eine sorgfältige geometrische Gestaltung des Spinnrohres auch wesentlich günstigere Resultate möglich. Mit gröberen Fäden konnten bereits Drehzahlen von 25000 U/min erzielt werden. Die Nachschaltung eines mechanischen Drallgebers erscheint zu aufwendig.

Der Autor verfolgte experimentell den neuen Gedanken, unmittelbar an der Karde Spinnrohre anzusetzen und auf diese Weise die dort vorhandene Faserorientierung auszunutzen. Alle weiteren Vorbereitungsmaschinen können demzufolge entfallen, und es ist möglich, von der Luft mitgerissene Fasern an die Karde zurückzuführen. Auf diese Weise kann ein sehr billiges Spinnverfahren mit hoher Produktivität gestaltet werden.

Demgegenüber liegen die Kosten für OE-Garne, die mit mechanischem Rotor gesponnen wurden, gegenüber Ringgarnen nicht so viel niedriger, daß gewisse Eigenschaftsnachteile vom Garnhersteller in Kauf genommen werden können. Für das Verfahren mit mechanischem Rotor leitet der Autor anhand von Kostenabschätzungen die Tendenz bezüglich optimaler Drehzahlen ab und zeigt, daß die Optima bereits bei recht niedrigen Drehzahlen um etwa 30000 U/min liegen. Obgleich mit dem Rotor z. Z. die besten OE-Garne gesponnen werden, zeichnen sich ökonomisch bedingte Anwendungsgrenzen des Verfahrens besonders in Richtung auf feinere Garne und den Einsatz langstapliger Fasern ab. Deshalb werden zusätzlich Maschinen mit niedrigen Kosten Bedeutung gewinnen, die das Luftstromprinzip an einer möglichst frühen Stufe des Vorbereitungsprozesses ansetzen (Karde), sehr einfach im Aufbau sind und zu einer mittleren Garnqualität bei mittlerer Produktionsleistung führen.

Dr. *P. A. Smith*, *I. Dogu* und *M. Yalcin* (Großbritannien): Vergleich der Verzugskraft im Ambler-Super-draft- und Uniflex-System und ihr Einfluß auf die Garnungleichmäßigkeit.

Mit dem Ziele der Ermittlung optimaler Verzugsbedingungen an modernen Verzugssystemen wurden die Einflüsse der Verzugskräfte auf die Ungleichmäßigkeit des Garnes untersucht.

Die Verzugskraftvariation erfolgte durch Ändern des Belastungszylindergewichtes. Beim Ambler-Super-draft-System (A.S.D.) bewirkte eine Erhöhung der Verzugskraft Verbesserungen der Querschnitts- und Festigkeitsungleichmäßigkeit, wobei zugleich die Verzugskraftschwankungen im Streckfeld relativ abnahmen. Da der Einfluß von Verzugskraft- auf Querschnittsschwankungen nach *Grosberg* auf ein elastisches Verhalten (Schwingen) des Vorgarnes, hauptsächlich infolge der Faserkräuselung, zurückzuführen sein soll, wurden hierzu spezielle Untersuchungen durchgeführt, die diese Theorie bestätigten.

Die Zahl der Vorgarndrehungen ist beim A.S.D. von einer bestimmten Höhe ab fast ohne Einfluß auf die Ungleichmäßigkeit, obwohl hierbei die Verzugskraft steigt. Beim Uniflex-System hingegen führt Erhöhung der Vorgarndrehungen auf Grund des starken Verzugskraftanstieges zu wesentlich verbesserter Gleichmäßigkeit. Generell war bei beiden Systemen eine beträchtliche Verbesserung der Garngleichmäßigkeit durch erhöhte Verzugskräfte festzustellen; unter besonderen Bedingungen erbrachten auch erhöhte Vorgarndrehungen günstigere Resultate. Von den gezeigten Möglichkeiten kann praktisch jedoch, unter dem Gesichtspunkt der Fadenbruchhäufigkeit, Garnschrumpfung usw., nur begrenzt Gebrauch gemacht werden.

H. Nuding (BRD): Der gegenwärtige Stand der Automation in der Baumwollspinnerei.

Nachdem verschiedene Automatisierungsmöglichkeiten seit einiger Zeit unter industriellen Bedingungen erprobt worden sind, sieht der Autor die Möglichkeit, anzugeben, wo diese unter europäischen Verhältnissen Vorteile erbringen oder in welchen Fällen traditionelle Verfahren ökonomischer sind. Speziell werden auch die Erfordernisse der Chemiefaserverarbeitung in Betracht gezogen.

In der Spinnereivorbereitung wird eine Teil-Automatisierung als vorteilhaft angesehen, beispielsweise des automatischen Wickelwechsels an Öffnungsmaschinen, der neben Personalersparnis auch größere Wickelgleichmäßigkeit am Anfang erbringt. Hochleistungskarden mit 20 bis 25 kg/h Leistung, auch bei Viskosefasern (1,5 den, 40 mm), sind heute üblich; nicht alle Chemiefasern können jedoch auf Hochleistungskarden verarbeitet werden. Bei den Ringspinnmaschinen ist die Tendenz zu größeren Garnkörpern wegen gegenläufiger ökonomischer Resultate zum Stillstand gekommen.

Hinsichtlich der Vollautomatisierung der Spinnerei hat eine Untersuchung mit dem Toyo-System zu dem Schluß geführt, daß wegen seiner unzureichenden Flexibilität für europäische Verhältnisse nur eine Teilautomatisierung in Frage kommt. Diese betrifft automatisches Mischen, den Prozeß bis zur Karde und evtl. die erste Strecke, ferner ein automatisches Kopsabzugssystem an der Ringspinnmaschine sowie automatisches Kreuzspulen.

Gegen die Vollautomatisierung sprechen die bei Produktionsrückgang sehr ins Gewicht fallenden hohen Kosten, die Notwendigkeit eines 3-Schicht-Betriebes sowie eine ungenügende Flexibilität hinsichtlich Garnfeinheit, Faserart, Stapellänge. Spezielle Ausführungen befassen sich noch mit Detailfragen der Automatisierung in den einzelnen Passagen.

H. Balasubramanian, Prof. *P. Grosberg* und *Y. Turkes* (Großbritannien): Untersuchung des Verzugsverhaltens von Kammgarnbändern unter besonderer Beachtung der automatischen Regelung von Verzugsungleichmäßigkeiten.

Der Vortrag befaßt sich mit grundlegenden regelungstechnischen Untersuchungen zum Verzug auf Kammgarnstrecken. Hierzu wurde zunächst der Einfluß sinusförmiger Verzugswellen auf die Banddicke und die Verzugskraft untersucht, und zwar in bezug auf Amplitude und Phasenlage. Die Verzugswellen wurden durch Änderung der Lieferzylinderdrehzahl mit Frequenzen zwischen 0,3 und 2 Hz erzwungen; die erhaltenen Beziehungen zeigen, daß in einem automatischen System zur Vermeidung kurzperiodischer Ungleichmäßigkeiten die Konstanthaltung der Verzugskraft als Parameter grundsätzliche Vorteile gegenüber einer Konstanthaltung der Banddicke aufweist.

Die Übertragungsfunktion zwischen Zylinderdrehzahl und Verzugskraft zeigt außerdem die Tendenz an, daß auf Grund des elastischen Verhaltens des Bandes bei bestimmten Frequenzen Resonanzschwingungen auftreten. Dies wird auch experimentell bewiesen. Die Resonanzstelle liegt zwischen dem 2- und dem 2,5fachen der Faserlänge. Bei höheren Verzügen tritt noch eine zweite Resonanzstelle mit niedrigerer Frequenz in Erscheinung. Mutmaßliche Gründe hierfür werden angeführt.

M. Rotondo und *E. Gentini* (Italien): Die Optimierung der Garngleichmäßigkeit.

Die Autoren haben sich mit Hilfe theoretischer und umfangreicher experimenteller Untersuchungen dem Problem gewidmet, verschiedene variable Spinnbedingungen im Spinnsystem der Firma Sant' Andrea Novara so zu wählen und aufeinander abzustimmen, daß eine optimale Garngleichmäßigkeit ohne Steuer- oder Regelungselemente erzielt wird. Der Nachweis wird mit Hilfe statistischer Qualitätskontrollmethoden geführt. Aus den Ergebnissen werden vereinfachte Gleichungen für die Praxis zur Berechnung der jeweils optimalen Bandfeinheiten und Verzüge abgeleitet.

Dr. *J. L. Spencer-Smith* und *H. A. C. Todd* (Nord-Irland): Garnungleichmäßigkeit als ingenieurtechnisches Problem.

Der Vortrag behandelt die Ungleichmäßigkeit von Garnen, die aus langstapligen Chemiefasern auf Nadelverzugs-Systemen hergestellt wurden, z. B. auf konventionellen Flachssystemen oder modernen Systemen, wie dem modifizierten Kammgarnsystem von *Mackie*. Es werden die grundsätzlichen Gesetzmäßigkeiten des Entstehens von Ungleichmäßigkeiten und Verzugswellen dargelegt und hieraus Regeln für die Erzielung sehr gleichmäßiger Garne abgeleitet. Hierzu erfolgt zunächst eine Analyse des Garnes in bezug auf Verzugswellen in den einzelnen Passagen. Unter Abkehr von der üblichen Praxis wird jedoch nicht der Variationskoeffizient, sondern die Amplitude der Schwankung betrachtet. Mit Hilfe der aufgestellten Regeln werden hieraus notwendige Maßnahmen, wie z. B. Änderung der Faserpräparation, Reduzierung des Verzuges und der Doublierung, Erhöhung der Faserlänge oder Erhöhung der Nadeldichte abgeleitet. Sehr große Bedeutung wird der optimalen Präparation, z. B. auch im Hinblick auf die maximal anwendbare Faserlänge, beigemessen. Deshalb wird sogar der Gedanke geäußert, vom Chemiefaserhersteller Kabel zu beziehen und dieses gegebenenfalls neu zu präparieren und selbst zu schneiden.

R. Barthel

II. TAPPI Chemiezellstoffkonferenz 1968

DK 061.3.055.1(73) "1968":547.458.82:661.728.62

Vom 3. bis 6. Juni 1968 fand in New Orleans, La., USA, die zweite internationale Chemiezellstoffkonferenz der TAPPI (Technical Association of the Pulp and Paper Industry) statt, zu der sich etwa 200 Fachleute auf dem Gebiet der Zellstofferzeugung und der chemischen Weiterverarbeitung der Cellulose versammelt hatten. Die Thematik der unter Leitung von *H. de V. Partridge*, Niagara Falls, N. Y., USA, (Tagungsleiter) und Dr. *D. R. Muir*, Vancouver, B.C., Canada, (Vorsitzender des Programmkomitees) durchgeführten Tagung betonte in erster Linie Probleme der chemischen Weiterverarbeitung von Chemiezellstoffen und der Eigenschaften und Anwendungsmöglichkeiten der dabei erhaltenen Fasern und Folien, wobei unter Vermeidung von Parallelsitzungen insgesamt 28 wissenschaftliche Vorträge in sieben Sitzungen abgehalten wurden und außerdem eine Panel-Diskussion stattfand. Den Abschluß der von den Veranstaltern sehr gut organisierten und in wissenschaftlich-technischer Hinsicht recht aufschlußreichen und ergiebigen Tagung bildete für viele ausländische Tagungsteilnehmer ein Besuch im Zellstoffwerk Natchez (Chemiezellstoff auf Basis Vorhydrolysesulfat), zu dem die International Paper Co. für den 7. 6. eingeladen hatte. Im folgenden sollen die einzelnen Vorträge in chronologischer Reihenfolge kurz referiert werden.

Sektion „*Cellulosechemie*" am 3. 6. vormittags (Vorsitz *W. B. Beazley*, Hawkesbury, Ont., Canada):

S. Claesson, Uppsala/Schweden, griff in seinem Vortrag über „Lösungseigenschaften der Moleküle von Cellulose und Cellulosederivaten" auf umfangreiche physiko-chemische Untersuchungen seiner Schule an verschiedenen Cellulosederivaten in verschiedenen Lösungsmitteln zurück und zog daraus einige allgemeine Schlußfolgerungen hinsichtlich der Beziehung zwischen Viskosität und rel. Molekülmasse sowie der molekularen Dimensionen und der Konfiguration von Cellulosemolekülen in Lösung. Der Vortrag von *R. L. Casebier*, *J. K. Hamilton* und *H. L. Hergert*, Shelton, Wash., USA, über die „Chemie und den Mechanismus der Wasservorhydrolyse-Reaktionen" behandelte die Auslösung von Hemicellulose, Lignin und Begleitstoffen während der verschiedenen Stadien des Vorhydrolyseprozesses bei der Zellstoff-Herstellung aus Südkiefer, wobei die in Abhängigkeit von der Hydrolysezeit bei verschiedener Temperatur erhaltenen „Ausbeutekurven" für die einzelnen Zucker auf eine bevorzugte Auslösung von Hemicellulose mit Arabinosebausteinen hinweisen. *B. Philipp*, Teltow/DDR sprach in seinem gemeinsam mit *J. Baudisch* und *Ch. Ruscher* angemeldeten Vortrag über den „Einfluß der übermolekularen Struktur auf strukturelle und chemische Veränderungen beim thermischen Abbau von Cellulosefasern" und ging dabei vor allem auf neuere röntgenographische Untersuchungen zur Frage des Cellulose-IV-Gehaltes verschiedener Cellulosefasern vor und nach thermischer Behandlung ein. *O. Samuelson* und *L. Thede*, Göteborg/Schweden, behandelten die „Identifizierung von Carboxylgruppen in Cellulose nach einer Alkalicellulose Vorreife", wobei weit abgereifte Baumwoll-Alkalicellulose nach Bestimmung des Gesamtcarboxylgehaltes hydrolysiert und das Hydrolysat einer chromatographischen Trennung an einer Anionenaustauschersäule unterworfen wurde, wobei sich im Vorreifeprozeß vor allem eine Zunahme an Aldonsäuregruppen ergab.

Sektion „*Celluloseacetat*" am 3. 6. nachmittags (Vorsitz *J. E. Clunie*, Montreal, P. Q., Canada):

J. C. Williams, Memphis, Tenn., USA, sprach über den „Einfluß der Zellstoffeigenschaften auf die Reaktionsfähigkeit bei der Acetylierung", wobei nach Darlegung der verschiedenen Labormethoden auf die Notwendigkeit einer möglichst „praxisnahen" Acetylierungsprüfung hingewiesen und dann Sulfit- und Sulfatzellstoffe hinsichtlich ihres Acetylierverhaltens verglichen wurden. *J. H. Manning*, Mobile, Ala./USA, wies in seinem mit *I. H. Fuller*, Hawkesbury, Ont./Canada, angemeldeten Vortrag über die „Acetylierung kaltalkaliveredelter Chemiezellstoffe" auf die Möglichkeit hin, Laubholzsulfatzellstoffe durch Kaltalkaliveredelung in ihren analytischen Daten soweit zu verbessern, daß sie mit Acetatzellstoffen auf Basis Sulfit konkurrieren können. *J. L. Riley*, Charlotte, N. C./USA, trug vor über die „Entwicklung einer Trübung bei lang andauernder Acetylierung von Chemiezellstoffen" und betonte dabei den Einfluß von Ausgangsmaterial und Acetylierbedingungen auf die zeitliche Änderung der Trübung. *J. Corbiere*, *J. Sacco*, *J. Meybeck* und *A. J. R. Rajon*, Lyon/Frankreich, behandelten „Zusammenhänge zwischen Fällmethode und Fertigstellung von Cellulosetriacetat, seiner Lösegeschwindigkeit und seinem Gehalt an gebundener Essigsäure", wobei auf Grund systematischer Laboruntersuchungen eine Fällung mit wäßriger Essigsäure und eine anschließende Verdrängung des Wassers durch Äther als optimal betrachtet wird.

Sektion „*Celluloseregeneratfäden mit sehr guten Gebrauchseigenschaften*" am 4. 6. vormittags (Vorsitz *G. C. Daul*, Whippany, N. J., USA):

Von *E. J. Alvarez*, *J. H. Bethune* und *D. M. McDonald*, Hawkesbury, Ont./Canada, wurden als „Formaldehydersatz beim Erspinnen von Modalfasern" verschiedene Derivate des Formaldehyds vorgeschlagen und deren Umsetzung mit Cellulosexanthogenat untersucht. Im Vortrag von *T. E. Muller*, *G. C. Daul* und *H. D. Stevens*, Whippany, N. J./USA, über das „Ökonomische Erspinnen von Celluloseregeneratfasern mit hohem Gebrauchswert" wurde der gesamte Viskosier- und Spinnprozeß einer technologisch-ökonomischen Betrachtung unterzogen und eine kostenmäßig besonders günstige Variante zur Diskussion gestellt, bei der von einem niedrig-viskosen Sulfitzellstoff ausgegangen, mit recht niedrigem CS_2-Einsatz viskosiert und dann nach einem Verfahren gesponnen wird, das eine Modalfaser liefert, die geeignet erscheint, die Lücke zwischen „Polynosic"- und „HWM"-Type zu schließen. *A. Gröbe*, Teltow/DDR, sprach über „Elektronenmikroskopische Untersuchungen in verschiedenen Stadien des Spinnprozesses zum Zusammenhang zwischen Struktur und Eigenschaften von Celluloseregeneratfäden mit hohem Gebrauchswert" und ging dabei vor allem auf die lichtmikroskopische Verfolgung von Diffusionsprozessen am spinnenden Faden, auf neue methodische Möglichkeiten der Elektronenmikroskopie und schließlich auf die Bildung und Untersuchung ionotroper Cellulosexanthogenatgele ein.

Sektion „*Viskosecordseide*" am 4. 6. nachmittags (Vorsitz *R. H. Braunlich*, Marcus Hook, Pa./USA):

C. Z. Draves und *L. K. Skolnik*, Akron, Ohio/USA, stellten in ihrem Vortrag über die „Verarbeitung von Reifencord zu Reifen mit optimalen Eigenschaften" anhand eines eindrucksvollen Films die praxisnahe Prüfmethode des „flex fatigue landing test" vor und untersuchten damit den Einfluß verschiedener Parameter der Cordherstellung wie Querschnitt des Cordeinzelfadens und Imprägnierung auf die Reifeneigenschaften. *D. Z. Goldenberg*, Painesville, Ohio/USA, berichtete über den „Einfluß von Düsenkanallänge und Lochdurchmesser auf die Eigenschaften von Viskosecordgarnen und bestätigte dabei die Verbesserung der Eigenschaften der Seide mit abnehmendem Lochdurchmesser, die auf die zunehmende Gleichmäßigkeit der Orientierung in den Einzelkapillaren zurückgeführt wird. Gleichzeitig wurde auf die Bedeutung des Längen/Radius-Verhältnisses des Düsenkanals für Qualität und Gleichmäßigkeit der Fäden hingewiesen. *E. W. Lothrop*, Marcus Hook, Pa./USA, sprach über „Reifencord bei hoher Belastung" und verglich dabei Viskosecord und Polyestercord im praktischen Gebrauch. Im Vortrag von *T. Baker*, Detroit, Mich./USA über die „Entwicklung eines Qualitätsreifens mit Viskosecord" wurden die an einen qualitativ hochwertigen Cord zu stellenden Forderungen zusammengefaßt und dabei u. a. das Abfangen der Hitzeentwicklung bei hoher Fahrgeschwindigkeit betont. Ein Vergleich von Polyamidcord mit einem hochgezüchteten Viskosecord ergab ein günstigeres Gesamtverhalten des Viskosecords.

Sektion „*Cellulosederivate, Filme und hochtemperaturbeständige Fasern*" am 5. 6. vormittags (Vorsitz *E. Kline*, Shaker Heights, Cleveland, Ohio/USA):

Im Vortrag von *R. L. Whistler*, *E. R. Pyler*, *L. W. Doner* und *G. A. Towle*, Lafayette, Ind./USA, über „Neue Derivate von Cellulose hoher Qualität" wurde vor allem auf den Anbau von Zuckereinheiten als Seitenzweig an die Cellulosehauptkette und auf die Herstellung von Cellulosephosphaten mit hohem Substitutionsgrad eingegangen. Den „Einfluß einiger Viskoseparameter auf die Festigkeit handgegossener Cellophanfilme" behandelte *D. M. MacDonald*, Hawkesbury, Ont./Canada, und zwar hinsichtlich Gießbadzusammensetzung, Filmdicke, Viskoseeinheit und Zusammensetzung sowie DP und DP-Verteilung der Alkalicellulose. *J. B. Rivlin* und *E. Wellisch*, Pisgah Forest, N. C./USA, berichteten über „Kinetische Untersuchungen zur Viskoseregenerierung unter theoretischen und praktischen Aspekten", wobei unter Variation verschiedener Viskoseparameter und Zersetzungsbedingungen bei jeweils konstant gehaltener H^+-Ionenkonzentration die Geschwindigkeit der CS_2-Freisetzung gasvolumetrisch verfolgt wurde. *I. Wizon*, Marcus Hook, Pa./USA, beschrieb in seinem Vortrag über „Vorstufen von Keramikfasern aus dem Viskoseprozeß" die Herstellung einer Silikatfaser, wobei Viskose mit einem NaOH-löslichen Silikat versetzt und dann beim Spinnprozeß zugleich mit der Regenerierung der Cellulose eine Polykondensation zum hochpolymeren Silikat vorgenommen wird, woran sich dann die Pyrolyse zur „Keramikfaser" anschließt. *R. G. Adams*, *R. R. Saffadi* und *J. P. Hollihan*, Garfield, N. J./USA, behandelten in ihrem Vortrag über „Keramikfasern auf Kohlenstoffbasis aus Viskoseseide-Vorstufen in Industrie und Raumfahrt" vor allem den „Pyrolyseschritt" bei der Herstellung solcher Fasern und wiesen auf die vielfältigen industriellen Einsatzmöglichkeiten für solche Fasern hin.

Sektion „*Viskosechemie — Teil I*" am 6. 6. vormittags (Vorsitz *D. F. Durso*, Memphis, Tenn./USA):

R. W. Yorke, Coventry/England, sprach über die „Wechselwirkung zwischen Langfaser- und Kurzfaserstoffen bei der Xanthogenierung", wobei aus Messungen der Geschwindigkeit der CS_2-Aufnahme durch Alkalicellulose aus verschiedenartigen Zellstoffen auf eine etwas raschere Xanthogenierung bei kurzfaserigen Laubholzzellstoffen geschlossen wurde. Der Vortrag von *F. Kolosh* und *M. Eriksson*, Göteborg/Schweden, befaßte sich mit dem „Eindringen des CS_2 in die Alkalicellulose". Unter Verwendung eines Pakets aus Lintersalkalicellulose-Blättern wurde der Einfluß verschiedener Parameter (u. a. Sulfidiertemperatur, Cellulosegehalt der Alkalicellulose) auf die γ-Zahl-Differenz zwischen äußerster und innerster Schicht bei einer Gasphasenxanthogenierung untersucht. *E. Treiber* und *L. Wångberg*, Stockholm/Schweden, berichteten über „Untersuchungen zur Gasphasenxanthogenierung und Naß-Sulfidierung", wobei systematische Untersuchungen mit einer selbst entwickelten Labor-Naß-Sulfidierbaratte im Mittelpunkt standen und u. a. auf hinsichtlich des Filtrationsverhaltens optimale Bedingungen für die der „Naßsulfidierung" vorangehende „trockene Ansulfidierung" eingegangen wurde. *H. Sihtola* und *B. Nizovsky*, Helsinki/Finnland, behandelten die „Herstellung von Viskose hoher Qualität aus Zellstoff mit niedrigem α-Cellulosegehalt nach einem modifizierten Alkalisier- und Vorreifeprozeß". Bei dieser Verfahrensentwicklung wird nach dem Vorreifeprozeß eine zweite Alkalisierung mit ca. 10%iger Lauge zur Entfernung von Kurzketten und anoxydierten Cellulosebruchstücken vorgenommen, was die Herstellung gut filtrierender Viskosen bei sehr niedrigen CS_2-Einsätzen von ca. 20% ermöglicht.

Sektion „Viskosechemie — Teil II" am 6. 6. nachmittags (Vorsitz *F. Kolosh*, Göteborg/Schweden):

Von *J.-P. Becker*, *W. R. Wyatt* und *R. Nelson*, Memphis, Tenn./USA, wurde über „Optimierungsstudien zum Viskoseprozeß. Teil II — Xanthogenierung und Lösung" berichtet, wobei der Filterwert als Zielgröße diente und der Einfluß von CS_2-Einsatz, Sulfidiertemperatur und -zeit sowie Viskosezusammensetzung, Lösezeit und -temperatur mittels Mehrfachregressionsanalyse untersucht wurde. *M. A. Cohly*, Chicago, Ill./USA, sprach über „Rheologische Eigenschaften von Viskose bei hoher Scherbeanspruchung", wobei unter Verwendung eines kommerziellen Rotationsviskosimeters u. a. versucht wurde, aus rheologischen Daten zu Aussagen über die Verteilung der rel. Molekülmasse zu gelangen. Der Vortrag von *L. H. Phifer* und *J. Dyer*, Marcus Hook, Pa./USA, über „Cellulosexanthogensäure" befaßte sich nach einigen Bemerkungen zur Umxanthogenierung mit der sauren Zersetzung des Cellulosexanthogenats, wobei der vorgeschlagene Mechanismus über eine anschließend zu Dithiokohlensäure und Cellulose zerfallende „Orthoxanthogensäure" führt. *B. Philipp* und *H. Lang*, Teltow/DDR, berichteten über „Symplexe anionischer Cellulosederivate, speziell zwischen Cellulosexanthat und Polyäthylenimin", wobei sowohl die analytische Zusammensetzung der Fällungen in Abhängigkeit von verschiedenen Parametern, als auch das Viskositätsverhalten von Cellulosexanthogenat/Polyäthylenimin-Mischungen in stark alkalischer Lösung und die in diesem System möglichen Nebenreaktionen behandelt wurden.

Nur dem Titel nach verlesen, aber mit in die Tagungsunterlagen aufgenommen, wurden Kurzmitteilungen von *L. Segal* und *J. D. Timpa*, New Orleans, La./USA, über einen „Vergleich der DP-Verteilungen von einigen Holzzellstoffen und ihren α-Cellulose-Fraktionen mittels Gelpermeationschromatographie", von *T. E. Leahy*, Chicago, Ill./USA, über die „Bestimmung der bei der Viskosezersetzung entweichenden Gase" und von *J. E. Stone*, *E. Treiber* und *B. Abrahamson*, Stockholm/Schweden, über die „Zugänglichkeit regenerierter Cellulose für gelöste Moleküle mit rel. Molekülmassen zwischen 180 und 2×10^6".

Bei der Panel-Diskussion über „Viskosefasern für textile Einsatzgebiete" am 5. 6. nachmittags wurde zunächst von dem Diskussionsleiter *L. H. Hance*, Eden, N. C./USA, und den Panelmitgliedern *J. Bauer*, Pen Argyl, Pa./USA, *J. P. Hollihan*, Garfield, N. J./USA, und *G. V. Lund*, New York, N. Y./USA, jeweils eine kurze Diskussionseinführung gegeben. Schwerpunkte der Diskussion waren allgemeine Entwicklungsrichtungen der Textilindustrie, künftige Einsatzgebiete für Viskoseseide und -faser sowie für Celluloseacetat und die Vor- und Nachteile von Viskoseseide in den einzelnen Einsatzgebieten.

Abschließend sei erwähnt, daß während der gesamten Tagung eine wesentlich optimistischere Grundeinstellung hinsichtlich der künftigen Entwicklung auf dem Gebiet der Chemiefaserstoffe auf Cellulosebasis zum Ausdruck kam, die sich nicht nur in Fachvorträgen, Diskussionen und Gesprächen, sondern besonders deutlich auch in der Aussprache von *M. A. Brown*, New York, N. Y./USA, über die „Wiedergeburt der chemischen Verarbeitung der Cellulose" anläßlich eines offiziellen Mittagessens aller Tagungsteilnehmer niederschlug.

B. Philipp

Neue Bücher

Einsatz von Bastfasergarnen in der Wirkerei. Von *Rudolf Otto*. Forschungsberichte des Landes Nordrhein-Westfalen. Nr. 1950. Köln und Opladen: Westdeutscher Verlag 1968. 24 S. Brosch. DM 16,10.

Der Forschungsbericht befaßt sich mit der kombinierten Verarbeitung von Leinen- und Baumwollgarnen zu Maschenwaren auf Raschelmaschinen. Einleitend setzt sich der Autor mit den Vor- und Nachteilen der bei der Verarbeitung von Leinengarnen bisher üblichen Webtechnologie im Vergleich zur Technologie der Kettenwirkerei auseinander. Anschließend werden sechs Versuchsreihen beschrieben, die der Optimierung der Herstellung halbleinener Artikel nach der Technologie der Kettenwirkerei dienten. In der Hauptsache wurden bei den Versuchen nachfolgende Parameter variiert:

1. Materialeinsatz; Vorbereitung des ausgewählten Materials.
2. Wirktechnik (Anzahl der Legeschienen, Fadenlegung, Ausführung der Lochnadeln, Maschinenart und -feinheit).
3. Maschendichte.
4. Flächenmasse (Materialanteil von Leinen und Baumwolle).
5. Kettfadenzugkraft.

Die Ergebnisse der einzelnen Versuchsreihen werden diskutiert. Als Resultat der in den einzelnen Versuchen durchgeführten Veränderung der obengenannten Parameter wird schließlich durch den letzten Versuch der Nachweis geführt, daß bei geeigneter Nadelteilung, veränderter, den Leinengarnen angepaßter Gestaltung der Lochnadeln, Verwendung von gereinigten und paraffinierten Garnen entsprechender Qualität und Feinheit unter Anwendung einer bestimmten Wirktechnik Gewirke hergestellt werden können, die in Aussehen, Formstabilität und Flächenmasse Geweben für den Haushalt (Bett- und Handtücher) gleichzustellen sind.

Die Versuche der Nach- und Waschbehandlung zeigen keine befriedigenden Ergebnisse, vor allem in bezug auf das Krumpfverhalten der Gewirke in Maschenstäbchenrichtung, wo ein sehr hoher Einspruch zu verzeichnen ist.

Obgleich im Bericht nur ein eng begrenzter Umfang der möglichen Bindungskombinationen zur Auffindung der bestmöglichen Technologie untersucht und daraus eine Aussage abgeleitet wurde, dürfte jedoch die Auswahl der Kombinationen so günstig gewählt worden sein, daß die Aussage durchaus allgemeingültig für das Anwendungsgebiet angesehen werden kann.

Hervorzuheben ist die klare Formulierung und die Zusammenfassung der einzelnen Versuchsreihen in übersichtlichen Arbeitsplänen.

J. Schreiter

Patentschau

Auszug aus der Lieferung 9/10/1968 der Patentschau „Faserstoffe und Textiltechnik", Ausgabe A: Faserstoffe einschl. Kunststoffe und organ. Grundsubstanzen, zusammengestellt von der Abteilung Wissenschaftliches Berichtswesen des Instituts für Faserstoff-Forschung der DAW, 153 Teltow-Seehof, Kantstr. 55

Die Patentschau ist nach der deutschen Patentklasseneinteilung gegliedert. Es bedeuten: DDP = DDR-Patent; DBP = Deutsches Bundespatent; DAS = (West)-Deutsche Auslegeschrift; OeP = Österreichisches Patent; PoP = Polnisches Patent; SzP = Schweizer Patent; FrP = Französisches Patent; GBP = Britisches Patent; SvP = Schwedisches Patent; SUP = Sowjetisches Patent; ČSP = Tschechoslowakisches Patent; USP = Amerikanisches Patent; — A = Anmeldedatum, B = Tag der Ausgabe der Patent- bzw. Auslegeschrift

Klasse 12o, 6. Synthetische Derivate der Kohlenhydrate u. dgl., z. B. Celluloseester, auch Viscose

DAS 1256207. Verfahren zur Herstellung von gemischten Estern der Cellulose mit niedrigen Fettsäuren und Schwefelsäure. Erf.: *René Camille Gerbaux*, *José Thérese Lemmerling* u. *Frans Alfons Claes*. Anm.: Gavaert Photo-Producten N. V., Mortsel, Antwerpen (Be). A. 5. 1. 60, B. 14. 12. 67. Kl.: 12o, 6. A.-Z.: G 28754 IVb/128. Prior.: 19. 8. 59 (Be; A.-Z.: 39156).

GBP 1102976. Vorrichtung zur Kontrolle der Herstellung von Celluloseacetatverbindungen. Inh.: D. Finlayson. A. 18. 8. 64, B. 14. 2. 68. Kl.: B1.X. Int. Kl.: G 05d 21/00. A.-Z.: 33679/64.

USP 3366614. Herstellung von Alkalimetallalkoholaten natürlicher und synthetischer Polyhydroxypolymerer und ihrer Derivate. Erf.: *Albert Zilkha* u. *Yair Avny*. Inh.: The State of Israel, Prime Minister's Office, Jerusalem (Is). A. 3. 6. 64, B. 30. 1. 68. Kl.: 260–91,3. 7 Anspr. A.-Z.: 372370. Prior.: 10. 6. 63 (Is; A.-Z.. 19379). Entspr. FrP 1397724 u. GBP 1058424.

Klasse 12p, 5. Stickstoffringe der heterocyclischen Reihe mit einen Stickstoffatom. Sonstige Ringe mit einem Stickstoffatom ...; Lactame ... (teilweise)

OeP 262252. Verfahren zur Herstellung von ω-Laurinolactam. Inh.. Stamicrabon N. V., Heerlen (Nd). A. 14. 2. 66, B. 15. 9. 67. Kl.: $12e_1$, 13. A.-Z.: 1324/66. Prior.: 17. 2. 65 (Nd).

FrP 1507947. Verbesserungen bei der Herstellung von Caprolactam mit Hilfe von Nitrosierungsverfahren. Inh.. Snia Viscosa Società Nazionale Industria Applicazioni Viscosa. S. p. A. A. 16. 1. 67, B. 29. 12. 67. Int. Kl.: C 07d. A.-Z.: 91217. Prior.: 21. 1. 66 (It; A.-Z.: 1449/66).

SvP 211531. Verfahren zur Herstellung von α-Halogen-ω-lactamen. Erf.: *J. H. Ottenheym* u. *J. W. Garritsen*. Inh.: Stamicarbon N. V., Heerlen (Nd). A. 16. 9. 59, B. 14. 3. 67. Kl.. 12p, 5. Prior.: 25. 9. 58 (Nd; A.-Z.: 231677). Entspr. SzP 375719.

USP 3365443. Herstellung von Lactamen aus cycloaliphatischen Ketoximen. Erf.: *Johan W. Garritsen.* Inh.: Stamicarbon N.V., Heerlen (Nd). A. 19. 4. 65, B. 23. 1. 68. Kl.: 260 – 239,3. 13 Anspr. A.-Z.: 449301. Prior.: 22. 4. 64 (Nd; A.-Z.: 64 – 4371).

Klasse 29a. Mechanische Gewinnung von Gespinstfasern

DAS 1258012. Vorrichtung zum Spinnen von endlosen künstlichen Fäden nach dem Naßspinnverfahren. Erf.: *Helmut Kompass†.* Anm.: Phrix-Werke AG. 2000 Hamburg 36. Stephanplatz 10. A. 30. 1. 58. B. 4. 1. 68. Kl.: 29a, 6/06. A.-Z.: P 20071 VIIa/29a. Entspr. SzP 374449.

GBP 1103461. Herstellung synthetischer Bauschgarne. Inh.: Imperial Chemical Industries Ltd. A. 13. 7. 63, B. 14. 2. 68. Kl.: B 5.B. Int. Kl.: D 01f 7/04. 7/06. A.-Z.: 28767/64. Entspr. FrP 1451400.

GBP 1106849. Herstellung von Mehrkomponenten-Faserstoffen. Inh.: Japan Exlan Co. Ltd. A. 2. 7. 65, B. 20. 3. 68. Kl.: B 5.B. Int. Kl.: D 01d 3/00. A.-Z.: 28243/65. Prior.: 2. 7. 64 (Ja; A.-Z.: 37731). Entspr. FrP 1442690.

GBP 1098770. Verfahren zur Herstellung faseriger. fadenförmiger Produkte. Inh.: Shell Internationale Research Maatschappij N. V. A. 31.8.66, B. 10. 1. 68. Kl.: B5.B. Int. Kl.: D 01d 5/00. A.-Z.: 38837/66. Prior.: 2. 9. 65 (Nd; A.-Z.: 6511455). Entspr. DDP 57923. u. FrP 1490987.

SUP 209617 (Urheberschein). Streckzwirnmaschine für synthetische thermoplastische Faserstoffe. Erf., *G. K. Moiseev. L. M. Beder. V. V. Sarinov* u. *I. I. Štut.* Anm.: Vsesojuznyj-naučno-issledovatel'skij institut sintetičeskich volokna. A. 12. 5. 64. B. 26. 1. 68. Kl.: 29a. 6/06 (76c, 24/01). A.-Z.: 889735/28 – 12.

FrP 1503306. Spinndüse und Verfahren zur Herstellung eines Extrusionskanals in einer Spinndüse. Inh.: Algemene Kunstzijde Unie N. V. A. 6. 12. 66. B. 24. 11. 67. Int. Kl.: D 01d. A.-Z.: 86312. Prior.: 10. 12. 65 (Nd; A.-Z.: 6516064, Nederlandse Organisatie Voor Toegepast-Natuurwestenschappeljk Anderzoek t.b.v. Nijverheid Handel en Verkeer).

GBP 1101452. Spinnkopf zur Herstellung von Bikomponentenfäden durch Schmelzspinnen. Inh.: Onderzoekingsinstituut Research N. V. A. 2.2.65. B. 31. 1. 68. Kl.: B 5.B. Int. Kl.: D 01d 3/00. A.-Z.: 4541/65. Prior.: 21. 2. 64 (Nd; A.-Z.: 6401623).

USP 3365528. Verfahren zum Formpressen von Spinndüsen. Erf.: *Jesse L. Riley.* Inh.: Celanese Corp. of America, New York. N. Y. A. 26. 11. 65, B. 23. 1. 68. Kl.: 264 – 225. 8 Anspr. A.-Z.: 509781.

JaP 25488/67. Aufwickeln von synthetischem Endlosgarn auf einer Rolle. Inh.: Toyo Rayon Co. Ltd. A. 13. 7. 65, B. 5. 12. 67. Kl.: 42A.

DAS 1255852 Zus. z. Pat. 1143298. Vorrichtung zur Durchführung des Aufwickelvorgangs nach Patent 1143298. Erf.: *Hans-Joachim Finken.* Anm.: Aachen-Gerresheimer Textilglas GmbH – Gevetex, Aachen. A. 7. 6. 62, B. 7. 12. 67. Kl.: 29a, 6/30. A.-Z.: A 40390 VIb/29a.

Klasse 29b. Chemische Gewinnung bzw. Herstellung von Spinnfasern und Fäden sowie ihre Präparation für die textile Weiterverarbeitung

USP 3366721 Zus. z. Pat. m. A.-Z.: 335090. A. 2. 1. 64. Verfahren zur Behandlung von Fäden. Erf.: *Sam Wesley* u. *Louis Arnold Kiser.* Inh.: Monsanto Co., St. Louis, Mo. A. 21. 7. 66, B. 30. 1. 68. Kl.: 264 – 129. 5 Anspr. A.-Z.: 566927.

USP 3366722. Herstellung von Garn. Erf.: *Joseph Donatien Leo Tessier.* Inh.: Chemcell Ltd., Montreal. Quebec (Ca). A. 2. 1 . 64. B. 30. 1. 68. Kl.: 264 – 168. 21 Anspr. A.-Z.: 415430. Prior.: 24. 7. 64 (Ca; A.-Z.: 907998). Entspr. FrP 1442762 u. GBP 1070257.

DAS 1254817. Verfahren zum Herstellen von Fasern aus regeneriertem Kollagen. Erf.: *Masakatsu Taniguchi.* Anm.: Nihon Hukaku Kabushiki Kaisha, Tokio (Ja). A. 20. 2. 64, B. 23. 11. 67. Kl.: 29b, 1/10. A.-Z.: N 24475 IVc/29b. Prior.: 12. 11. 63 (Ja; A.-Z.: 60768). Entspr. FrP 1392729 u. GBP 1018911.

DAS 1258544. Verfahren zur Herstellung von Regeneratcellulosefasern und -fäden. Erf.: *Saichi Morimoto†.* Anm.: Toyo Spinning Co., Ltd., Osaka (Ja). A. 28. 2. 61. B. 11. 1. 68. Kl.: 29b, 3/20. A.-Z.: T 19733 IVc/29b. Prior.: 29. 2. 60 (Ja; A.-Z.: 6792). Entspr. SzP 443555.

OeP 262493. Verfahren zur diskontinuierlichen Herstellung von Fäden aus regenerierter Cellulose. Inh.: N. V. Onderzoekingsinstituut Research, Arnhem (Nd). A. 29. 10. 63. B. 15. 9. 67 (Kl.: 29b. 8/01. A.-Z.: 8650/63. Prior.: 30. 10. 62 (Nd).

SvP 211288. Verfahren zur Herstellung von Fasern aus Viskose. Erf.: *A. Buurmann, R. A. Vroom* u. *P. C. Limburg.* Inh.: N. V. Onderzoekingsinstituut Research, Arnheim (Nd). A. 31. 12. 56, B. 28. 2. 67. Kl.: 29b, 3/20. Prior.: 16. 1. 56 (Nd; A.-Z.: 203673). Entspr. DAS 1225339.

DDP 60386. Verfahren zur Herstellung von Fäden, Fasern u. dgl. aus Polyacrylnitril bzw. Acrylnitrilcopolymerisaten und deren Mischungen mit anderen Polymeren. Erf. u. Inh.: *Werner Peters, Siegfried Hartig, Wolfgang Meißner, Hans Rudolf* u. *Werner Berger.* A. 19. 10. 66, B. 20. 2. 68. Kl.: 29b, 3/65. A.-Z. WP 29b/120426.

DAS 1256351. Verfahren zum Herstellen von Fäden oder Filmen durch Schmelzverformen eines Gemisches aus Polyoxymethylen und einer hochmolekularen Verbindung. Erf. *Kanji Matsubayashi, Kenichi Tanabe* u. *Osamu Fukushima.* Anm. Kurashiki Rayon Co. Ltd., Kurashiki City (Ja). A. 5. 6. 62, B. 14. 12. 67. Kl. 29b, 3/65. A.-Z., K 46924 IVc/29b. Prior., 10. 6. 61 (Ja: A.-Z.: 20580). Entspr. GBP 1007985 u. USP 3310608.

FrP 1503230. Verfahren zum Spinnen von kristallinen Polyoxymethylenpolymeren. Erf., *P. Parrini.* Inh.: Montecatini Edison S. p. A. A. 5. 12. 66, B. 24. 11. 67. Int. Kl.: D 01d. A.-Z.: 86119. Prior.: 6. 12. 65 (It; A.-Z.: 27150/65, Montecatini Soc. Gen. per l'Industria Mineraria e Chimica). Entspr. GBP 1095750.

GBP 1100497. Herstellung von Faserstoffen aus wärmeempfindlichen Polymeren. Inh.: Nederlandse Organisatie voor Toegepast-Natuur-Wetenschappelijk Onderzoek ten Behoeve van Nijverheid Handel en Verkeer. A. 31. 1. 66, B. 24. 1. 68. Kl.: B 5.B. Int. Kl.: D 01d 5/04. A.-Z.: 4145/66. Prior.: 1. 2. 65 (Nd; A.-Z.: 6501248). Entspr. FrP 1462918.

JaP 23969/67. Schmelzspinnverfahren. Inh.: Asahi Chem. Ind. Co. Ltd. A. 4. 7. 64, B. 18. 11. 67. A.-Z.: 37266/64. Entspr. SzP 437619, FrP 1439568, GBP 1075777 u. USP 3318989.

JaP 23979/67. Polytetrafluoräthylen-Hohlfasern. Inh.: Daikin Ind. Co. Ltd. A. 6. 12. 63, B. 18. 11. 67. A.-Z.: 65774/63. Entspr. GBP 1085983.

JaP 25508/67. Modifizierte Polyvinylalkoholfasern. Inh.: Kurashiki Rayon Co. Ltd. A. 23. 12. 60, B. 5. 12. 67. A.-Z.: 49744/60. Entspr. GBP 1002855 u. USP 3240738.

USP 3365527. Verfahren zur Herstellung von Polyvinylalkoholfaserstoffen mit hervorragenden Eigenschaften. Erf.: *Kenichi Tanabe* u. *Tadao Ashikaga.* Inh.: Kurashiki Rayon Co., Ltd., Kurashiki (Ja). A. 30. 12. 63. B. 23. 1. 68. Kl.: 264 – 185. 1 Anspr. A.-Z.: 334629. Prior.: 7. 1. 63 (Ja; A.-Z.: 38/682). Entspr. FrP 1385734 u. GBP 1074328.

SUP 211023 (Urheberschein). Verfahren zur Stabilisierung von Cellulosematerialien gegen Lichteinwirkung. Erf.: *D. Anarmetova. D. Tulljachodžaer, M. M. Tuljaganov, M. Ja. Pilosor* u. *T. G. Gafuror.* Inh.: Naučno-issledovatel'skij institut technologii i chimii chlopkovoj celljulozy. A. 27. 5. 66, B. 8. 2. 68. Kl.: 29b, 3/70 (8k, 1/40). A.-Z.: 1081263/23 – 5.

JaP 24526/67. Gebleichte Polyesterfasern. Inh.: Toyo Rayon Co. A. 20. 5. 66, B. 25. 11. 67. A.-Z.: 31798/66.

JaP 25500/67. Polyamidfasern. Inh.: Nippon Rayon Co. Ltd. A. 5. 2. 65, B. 5. 12. 67. A.-Z.: 6399/65. Entspr. FrP 1495420 u. GBP 1105856.

PoP 54790. Präparationsverfahren für Cellulosekunstfasern. Erf.: *Miron Kossek, Marian Prokopek* u. *Jadwiga Zborucka.* Inh.: Jeleniogórskie Zaklady Celulozy i Włókien Sztucznych im. Klementa Gottwalda, Jelenia Góra (Po). A. 26. 4. 65. Kl.: 29b, 5/04.

Klasse 32a, 37/00. Herstellung von Fasern oder Fäden aus flüssigem Glas, flüssigen Mineralien oder flüssiger Schlacke

SzP 449862. Einrichtung zum Herstellen von Glasfäden oder -fasern. Erf.: *William Floyd Porter.* Inh.: United States Gypsum Co., 101 South Wacker Drive, Chicago. Ill. (US). A. 7. 6. 66. Kl.: 32a. 37/00. A.-Z.: 8187/66. Prior.: 7. 6. 65 (US; A.-Z.: 461733, USP 3350184.

FrP 1503074. Verfahren zur Herstellung von geformten, kohärenten Asbestgegenständen, ausgehend von Asbestdispersionen. Inh.: Rex Asbestwerke Graf von Rex KG. A. 29. 11. 66, B. 24. 11. 67. Int. Kl.: D 02g. A.-Z.: 85406.

Klasse 32b. Chemische Zusammensetzung von Gläsern, Glasuren oder Emails; Oberflächenbehandlung von Glas; Verbinden von Glas mit Glas oder anderen Stoffen

DAS 1257374. Verfahren und Vorrichtung zum fortlaufenden Aufspulen von Faserbändern aus Glasstapelfasern. Anm.: Glaswerk Schuller GmbH, Wertheim/M., Faserweg. A. 20. 6. 63, B. 28. 12. 67. Kl., 32a, 37/02. A.-Z., G 37999 VIb/32a.

USP 3367793. Beschichtete Glastextilien und Verfahren zu ihrer Herstellung. Erf., *Everett C. Atwell.* Inh.: Burlington Industries, Inc., Greensboro. N. C. A. 15. 1. 64, B. 6. 2. 68. Kl., 117 – 68. 15 Anspr. A.-Z., 337786.

Klasse 39b. Verarbeiten von plastischen Massen, Kautschuk und hornartigen Stoffen, soweit nicht anderweitig vorgesehen; Herstellen von Kunstharzen (teilweise)

GBP 1107176. Thermoplastische lichtbeständige Kompositionen und Verfahren zu ihrer Herstellung. Inh.: Shell Internationale Research Maatschappij N. V. A. 1. 3. 67, B. 20. 3. 68. Kl.: C3.P. Int. Kl.: C 08f 45/58. A.-Z.: 9703/67.

JaP 26523/67. Antistatische Mittel. Inh.: Sanyo Chem. Ind. Ltd. A. 4.12.63, B. 15. 12. 67. A.-Z.: 65417/63.

DAS 1255301. Verfahren zum Färben von Polyurethankunststoffen. Erf.: *Wolfgang Keberle* u. *Hans-Gerhard Hanke.* Anm.: Farbenfabriken Bayer AG, Leverkusen. A. 27. 11. 65, B. 30. 11. 67. Kl.: 39b, 22/04. A.-Z.: F 47775 IVc/39b.

DAS 1257425. Verfahren zum Wärmestabilisieren von Polyamiden. Erf.: *Karl-Heinz Hermann* u. *Hans Rudolph.* Anm.: Farbenfabriken Bayer AG, Leverkusen. A. 2. 4. 66. B. 28. 12. 67. Kl.: 39b, 22/04. A.-Z.: F 48847 IVc/39b.

DDP 60423. Farbige, durchsichtige, polymere Materialien. Erf.: *Flaviano Glatti.* Inh.: Montecatini Edison S. p. A., Mailand (It). A. 21. 12. 66, B. 20. 2. 66. Kl.: 39b, 22/06. A.-Z.: AP 39b/121685. Prior.: 21. 12. 65 (It; A.-Z.: 12528).

DAS 1258080. Thermoplastische Formmassen zur Herstellung selbstverlöschender Formkörper. Erf.: *Franz Reichenecker, Karl Dury, Georg Krusche* u. *Heinz Burger.* Anm.: Badische Anilin- & Soda-Fabrik AG, 6700 Ludwigshafen. A. 17. 12. 65, B. 4. 1. 68. Kl.: 39b, 22/06. A.-Z.: B 85004 IVc/39b.

DAS 1258081. Flammwidrige thermoplastische Formmassen. Erf.: *Herbert Naarmann, Edmund Priebe, Ernst Günther Kastning, Herbert Willersinn* u. *Heinz Weber.* Anm.: Badische Anilin-&-Soda-Fabrik AG, 6700 Ludwigshafen. A. 5. 1. 66, B. 4. 1. 68. Kl.: 39b, 22/06. A.-Z.: B 85283 IVc/39b. Entspr. FrP 1507474.

DAS 1258599. Verfahren zur Herstellung von vernetzten Polymerisatformkörpern. Erf.: *Hans Weitzel, Karl Dinges, Ernst Grigat* u. *Rolf Pütter.* Anm.: Farbenfabriken Bayer AG, 5090 Leverkusen. A. 9. 10. 64, B. 11. 1. 68. Kl.: 39b, 22/06. A.-Z.: F 44181 IVc/39b. Entspr. FrP 1449434 u. GBP 1047859.

SzP 452190. Gegen Einwirkung von Hitze und Licht sowie gegen das Altern stabilisiertes Extrudat. Erf.: *Mario Kompostella.* Inh.: Montecatini Soc. Gen. per l'Industria Mineraria e Chimica, Mailand (It). A. 17. 7. 63. Kl.: 39b, 22/06 (29b, 3/65). A.-Z.: 8936/63. Prior.: 18. 7. 62 (It; A.-Z.: 14446/62).

GBP 1099755. Thermoplastische Komposition. Inh.: Chemy Fabrick van Chemische Produkten N. V. A. 29. 12. 66, B. 17. 1. 68. Kl.: C3.P. Int. Kl.: C 08f 29/02. A.-Z.: 58174/66. Prior.: 30. 12. 65 (Nd; A.-Z.: 6517203).

GBP 1102215. Farbstoffaufnahmefähigkeit von Polymeren. Inh.: Montecatini Edison S. p. A. A. 9. 11. 66, B. 7. 2. 68. Kl.: C3.P. Int. Kl.: C 08f 45/00. A.-Z.: 50276/66. Prior.: 10. 11. 65 (It; A.-Z.: 24894). Entspr. FrP 1500604.

JaP 24537/67. Färben von Polyolefinmaterialien. Inh., Sumitomo Chem. Ind. Co. Ltd. A. 17. 4. 64, B. 25. 11. 67. Kl.: 48B.

JaP 26931/67. Polyvinylalkoholkompositionen. Inh.: Dai-Nippon Ink & Chemicals Inc. A. 3. 7. 64, B. 20. 12. 67. A.-Z.: 37567/64.

SvP 210402. Verfahren zum Vulkanisieren eines sulfochlorierten, im wesentlichen amorphen Äthylen/Propylen-Copolymeren durch Erhitzen in einer Presse. Erf.: *G. Di Drusco.* Inh.: Montecatini Soc. Gen. per l'Industria Mineraria e Chimica, Mailand (It). A. 27. 8. 58, B. 17. 1. 67. Kl.: 39b, 22/06. Prior.: 18. 9. 57 (It; A.-Z.: 13451).

ČSP 126517. Verfahren zur Verringerung der Viskosität von Pasten auf Polyvinylchloridbasis. Erf.: *František Ponizil.* A. 27. 9. 66, B. 15. 8. 67. Kl.: 39b, 22/06. Int. Kl.: C 08h. A.-Z.: 6169/66.

Klasse 39c. Herstellen von Kunstharzen

USP 3366615. Agglomerisierungsmethode für granuliertes Polytetrafluoräthylen. Erf.: *William A. Miller*. Inh.: Allied Chemical Corp., New York, N. Y. A. 16. 9. 64, B. 30. 1. 68. Kl.: 260–92,1. 6 Anspr. A.-Z.: 396967.

DAS 1256891. Verfahren zur Herstellung von Polyurethanen. Erf.: *Karl Schmitt, Fritz Gude*, u. *Günther Kellert*. Anm.: Scholven-Chemie AG, Gelsenkirchen-Buer, Dorstener Str. 227. A. 21. 7. 64, B. 12. 12. 67. Kl.: 39c, 6. A.-Z.: Sch 35501 IVd/39c. Entspr. FrP 1441914, GBP 1090668 u. USP 3352830.

JaP 25305/67. Polyurethane. Inh.: Chisso Co. A. 8. 1. 65, B. 4. 12. 67. Kl.: 39c, 6, A.-Z.: 832/65.

SvP 211449. Verfahren zur Herstellung von Polyurethanen durch Umsetzung von Polyisocyanaten mit Alkydharzen. Erf.: *P. Bruin* u. *M. Sluis*. Inh.: Shell Internationale Research Mij N. V., Haag (Nd). A. 8. 10. 62, B. 7. 3. 67. Kl.: 39b, 6. Prior.: 10. 10. 61 (Nd; A.-Z.: 270073). Entspr. GBP 1001293 u. USP 3244673.

SzP 449964. Verfahren zur ionogenen Polymerisation von Lactamen. Erf.: *Johannes van Mourik* u. *Johannes van Beveren*. Inh.: Stamicarbon N. V., 2 van der Maesenstraat, Heerlen (Nd). A. 23. 2. 65, Kl.: 39c. 10. A.-Z.: 2483/75. Prior.: 28. 2. 64 (Nd; A.-Z.: 6401963). Entspr. GBP 1092146.

SzP 449965. Verfahren zur ionogenen Polymerisation von Lactamen. Erf.: *Eduard Frans Jozef Duynstee, Johannes van Mourik* u. *Johannes van Beveren*. Inh.: Stamicarbon N. V., 2 van der Maesenstraat, Heerlen (Nd). A. 1. 3. 65. Kl.: 39c, 10. A.-Z.: 2796/65. Prior.: 4. 3. 64 (Nd; A.-Z.: 6402132). Entspr. FrP 1425819 u. GBP 1093405.

GBP 1100559. Stabilisierung von Polyamiden. Inh.: Imperial Chemical Industries Ltd. A. 16. 12. 64. B. 24. 1. 68. Kl.: C3.R. Int. Kl.: C 08g 19/00, 51/54. A.-Z.: 51313/64. Entspr. FrP 1460256.

GBP 1102326. Synthetische lineare Copolyterephthalamide und daraus hergestellte geformte Gegenstände. Inh.: Teijin Ltd. A. 22. 12. 64, B. 7. 2. 68. Kl.: C3.R. Int. Kl.: C 08g 19/00. A.-Z.: 52134/64. Prior.: 30. 12. 63 (Ja; A.-Z.: 71864). Entspr. GBP 1102326.

GBP 1102921. Stabilisierte Polyamidkompositionen. Inh.: Imperial Chemical Industries Ltd. A. 11. 2. 65, B. 14. 2. 68. Kl.: C3.R. Int. Kl.: C 08g 41/02, 51/54. A.-Z.: 5992/65. Entspr. FrP 1468064.

GBP 1103328. Polyamide. Inh.: Imperial Chemical Industries Ltd. A. 28. 6. 65, B. 14. 2. 68. Kl.: C3.R. Int. Kl.: C 08g 19/00. A.-Z.: 27279/65. Entspr. FrP 1485044.

JaP 26878/67. Polyamide. Inh.: Toyo Rayon Co. Ltd. A. 16. 6. 64, B. 19. 12. 67. A.-Z.: 33750/64. Entspr. FrP 1448897 u. GBP 1068285.

SvP 211316. Verfahren zur Herstellung von Polyesteramiden mehrbasischer Säuren mit Oxazolidinen-2 oder einem Derivat davon sowie so erhaltenes Produkt. Erf.: *J. van Gijzen*. Inh.: Fabriek van Chemische Producten Vondelingenplaat N. V., Rotterdam (Nd). A. 20. 12. 61, B. 28. 2. 67. Kl.: 39c, 10. Prior.: 28. 12. 60 (Nd; A.-Z.: 259504). Entspr. SzP 416105 u. USP 3216974.

USP 3366607 Zus. z. Pat. m. A.-Z.: 191270. A. 30. 4. 62. Herstellung von Polypeptiden. Erf.: *Mary E. Carter* u. *Otto K. Carlson*. Inh.: FMC Corp., Philadelphia, Pa. A. 11. 3. 65, B. 20. 1. 68. Kl.: 260–78. 7 Anspr. A.-Z.: 439093.

DAS 1256893. Verfahren zur Beschleunigung der Umsetzung von Epoxydverbindungen mit NH_2- und/oder NH-Gruppen enthaltenden Verbindungen. Erf.: *Wilhelm Vogt, Paul Janssen Bensberg-Refrath* u. *Hermann Richtzenhain*. Anm.: Dynamit Nobel AG, Troisdorf. A. 26. 4. 63, B. 21. 12. 67. Kl.: 39c, 13. A.-Z.: D 41435 IVd/39c. Entspr. FrP 1422051.

DAS 1256894. Verfahren zur Herstellung von aromatischen Polybenzoxazolen. Erf.: *Ryoji Nakanishi* u. *Takashi Kubota*. Anm.: Toyo Rayon Kabushiki Kaisha, Tokio. A. 13. 6. 64, B. 21. 12. 67. Kl.: 39c, 15. A.-Z.: T 26376 IVd/39c. Prior.: 14. 6. 63 u. 17. 2. 64 (Ja; A.-Z.: 30508 u. 8132). Entspr. FrP 1413113 u. GBP 1059474.

DDP 60427. Verfahren zur Herstellung von Esterharzen. Erf.: *Geert Casper Vegter* u. *Feije Hotze Sinnema*. Inh.: Shell Internationale Research Maatschappij N. V., Den Haag (Nd). A. 20. 2. 67, B. 20. 2. 68. Kl.: 39c, 16. A.-Z.: AP 39c/122802. Prior.: 22. 2. 66 u. 7. 7. 66 (Nd; A.-Z.: 6602240 u. 6609502).

FrP 1508012. Vorrichtung und Verfahren zur Verdampfung einer gasförmigen Komponente aus einer viskosen Flüssigkeit. Inh.: Algemene Kunstzijde Unie N. V. A. 17. 1. 67, B. 29. 12. 67. Int. Kl.: C 08g. A.-Z.: 91429. Prior.: 26. 1. 66 (Nd; A.-Z.: 6600964).

USP 3365425. Statistische lineare Copolyester asymmetrisch substituierter Phthalsäuren. Erf.: *William H. Watson*. Inh.: E. I. du Pont de Nemours and Co., Wilmington, Del. A. 12. 4. 65, B. 23. 1. 68. Kl.: 260–76. 3 Anspr. A.-Z.: 447512.

GBP 1106534. Verfahren zur Herstellung makromolekularer Polyoxymethylene. Inh.: Stamicarbon N. V. A. 29. 7. 65, B. 20. 3. 68. Kl.: C3.P. Int. Kl.: C 08g 1/00. A.-Z.: 32509/65. Prior.: 1. 8. 64 (Nd; A.-Z.: 6408845). Entspr. FrP 1445057.

USP 3365421. 2-Hydroxy-4-acryloxyäthoxybenzophenone und Homopolymere davon. Erf.: *Robert Louis Horton* u. *George Brooks*. Inh.: American Cayanmid Co., Stamford, Conn. A. 9. 3. 66, B. 23. 1. 68. Kl.: 260–47. 5 Anspr. A.-Z.: 532901. (ausgesch. aus USP 3313866. A. 11. 10. 65. A.-Z.: 494922). Entspr. FrP 1491995 u. GBP 1088970.

DDP 60428. Verfahren und Anlage zur industriellen Herstellung von spinnbaren Polymeren auf Acrylnitrilbasis. Erf.: *Demetrio Corradi, Alberto Pasin* u. *Casano Maderno*. Inh.: Snia Viscosa Società Nazionale Industria Applicazioni Viscosa S. p. A. Mailand (It). A. 7. 2. 67, B. 20. 2. 68. Kl.: 39c, 25/01. A.-Z.: WP c9c/122535. Prior.: 7. 2. 66 (It; A.-Z.: 14227).

DAS 1265423. Verfahren zur Herstellung von Acrylnitrilpolymerisaten. Erf.: *Akira Nakajima, Kenji Takeya* u. *Yukio Shimosaka*. Anm.: Japan Exlan Co. Ltd., Osaka (Ja). A. 23. 9. 64, B. 14. 12. 67. Kl.: 39c, 25/01. A.-Z.: J 26591 IVd/39c. Prior.: 23. 9. 63 (Ja; A.-Z.: 51151). Entspr. GBP 1017657.

DAS 1257429. Verfahren zum Herstellen vernetzter bzw. vernetzbarer Copolymerisate. Erf.: *Herbert Naarmann* u. *Kurt Schneider*. Anm.: Badische Anilin- & Soda-Fabrik AG, Ludwigshafen/Rh. A. 17. 8. 64, B. 28. 12. 67. Kl.: 39c, 25/01. A.-Z.: B 78136 IVd/39c. Entspr. FrP 1443778.

DAS 1254867. Verfahren zur Herstellung von vernetzten Mischpolymerisaten des Acrylnitrils. Erf.: *Lorenzo Tarani* u. *Marcello Morini*. Anm.: Montecatini Soc. Gen. per l'Industria Mineraria e Chimica, Mailand (It). A. 25. 3. 55, B. 23. 11. 67. Kl.: 39c, 25/01. A.-Z.: M 26583 IVd/39c. Prior.: 27. 3. 54 (It; A.-Z.: 4091).

DAS 1258604. Verfahren zur Herstellung vernetzter Polymere. Erf.: *Claus Beermann* u. *Josef Walter*. Anm.: Farbwerke Hoechst AG vorm. Meister Lucius & Brüning, 6000 Frankfurt. A. 9. 10. 64, B. 11. 1. 68. Kl.: 39c, 25/01. A.-Z.: F 44186 IVd/39c.

OeP 262605. Verfahren zur Polymerisation von Vinylchlorid. Inh.: Società Edison, Mailand. A. 23. 12. 63, B. 15. 9. 67. Kl.: 39b, 14. A.-Z.: 10339/63. Prior.: 21. 12. 62 (It).

SzP 449968. Verfahren zur Polymerisation und Copolymerisation von Olefinen. Erf.: *Félix Bloyaert* u. *Henri Toussaint*. Inh.: Solvay et Cie. (Soc. An.), 23 rua Prince Albert, Brüssel (Be). A. 21. 6. 63. Kl.: 39c, 25/01. A.-Z.: 7744/63. Prior.: 18. 7. 62 (Be; A.-Z.: 495533). Entspr. FrP 1361252 u. GBP 1001509.

SzP 449969. Verfahren zur Herstellung härtbarer Harzzubereitungen. Erf.: *Willem Hendrik Maria Nieuwenhuis* u. *Geert Caspar Vegter*. Inh.: Shell Internationale Research Maatschappij N. V., Carel van Bylandtlaan 30, Den Haag (Nd). A. 9. 3. 64. Il.: 39c, 25/01 (39b, 22/01). A.-Z.: 3011/64. Prior.: 11. 3. 63 (Nd; A.-Z.: 290025). Entspr. FrP 1419594 u. GBP 1023295.

FrP 1503936. Verfahren zur Polymerisation von Vinylchlorid. Inh.: Solvay & Cie. A. 27. 9. 66, B. 1. 12. 67. Int. Kl.: C 08f. A.-Z.: 77769. Prior.: 30. 9. 65 (Be: A.-Z.: 18513).

GBP 1098170. Kristalline Copolymere. Inh.: British Petroleum Co., Ltd. A. 23. 9. 65, B. 10. 1. 68. Kl.: C3.P. Int. Kl.: C 08f 15/04. A.-Z.: 40562. Entspr. FrP 1493274.

FrP 1504096. Verfahren zur Herstellung von Acrylamidderivaten und deren Polymeren. Erf.: *S. Franco, A. Leoni* u. *M. Marini*. Inh.: Società per Azioni Ferrania. A. 17. 11. 66. B. 1. 12. 67. Int. Kl.: C 08f. A.-Z.: 83917. Prior.: 18. 11. 65 (It; A.-Z.: 25629/65).

GBP 1098988. Titantrichlorid. Inh.: Montecatini Edison S. p. A. A. 21. 11. 66, B. 10. 1. 68. Kl.: C1.A, Int. Kl.: C 01g 23/02. A.-Z.: 52082/66. Prior.: 25. 11. 65 (It; A.-Z.: 26105). Entspr. FrP 1501432.

GBP 1099077. Verfahren zur Herstellung spinnbarer Acrylnitrilpolymerlösungen. Inh.: Snia Viscosa Soc. Nazionale Industria Applicazioni Viscosa S. p. A. A. 18. 5. 65, B. 17. 1. 68. Kl.: C3.P. Int. Kl.: C 08f 1/08. A.-Z.: 20947/65. Prior.: 19. 5. 64 (It; A.-Z.: 11038).

GBP 1099266. Olefincopolymere. Inh.: Imperial Chemical Industries Ltd. A. 2. 6. 64, B. 17. 1. 68. Kl.: C3.P. Int. Kl.: C 08f 15/04. A.-Z.: 22777/64. Entspr. FrP 1450655.

PoP 54969. Verfahren zur Polymerisation von Vinyl- und/oder Vinylidenmonomeren. Inh.: Societa Edison S. p. A., Settore Chimico, Mailand (It). A. 15. 7. 64, Kl.: 39c, 25/01. Prior.: 31. 7. 63 (It).

GBP 1101008. Herstellung spinnbarer Lösungen von Polyacrylnitril oder Copolymeren mit hohem Acrylnitrilgehalt. Inh.: Snia Viscosa Soc. Nazionale Industria Applicazioni Viscosa S. p. A. A. 17. 5. 65, B. 31. 1. 68. Kl.: C3.P. Int. Kl.: C 08f 1/00. A.-Z.: 20683/65. Prior.: 19. 5. 64 (It; A.-Z.: 11059, 11060 u. 11063). Entspr. DDP 47804, DDP 51988, FrP 1439367 u. FrP 1448092.

GBP 1102903. Fluoralkylhaltige Verbindungen sowie diese enthaltende, wasser- und ölabweisende Kompositionen. Inh.: Daikin Kogyo K. K. A. 19. 2. 65, B. 14. 2. 68. Kl.: C2.C. Int. Kl.: C 07c 53/32, 62/62, 103/72, 119/04 u. C 07d 23/06, 55/12. A.-Z.: 7322/65. Prior.: 24. 2. 64 u. 3. 6. 64 (Ja; A.-Z.: 9957 u. 31540).

GBP 1103527 Zus. z. Pat. 911105. Vinylchloridpolymerkompositionen. Inh.: Imperial Chemical Industries Ltd. A. 5. 4. 66. B. 14. 2. 68. Kl.: C3.P. Int. Kl.: C 08f 1/84, 3/30. A.-Z.: 15074/66.

GBP 1107137. Copolymere äthylenisch ungesättigter halogenierter Kohlenwasserstoffe und konjugierter Vinylverbindungen und Verfahren zu ihrer Herstellung. Inh.: Sumitomo Chemical Co. Ltd. A. 18. 8. 65, B. 20. 3. 68. Kl.: C3.P. Int. Kl.: C 08f 15/02. A.-Z.: 35411/65. Prior.: 18. 8. 64 (Ja; A.-Z.: 47354). Entspr. FrP 1458331.

PoP 55197. Verfahren zur Polymerisation von Vinylchlorid in Gegenwart eines katalytischen Systems. Inh.. Montecatini Edison S. p. A., Mailand (It). A. 23. 3. 65. Kl.: 39c, 25/01. Prior.: 2. 4. 64 (It).

SvP 210162. Verfahren zur Herstellung von wäßrigen Polyvinylacetatdispersionen oder von Dispersionen aus Vinylacetatcopolymerisat, wobei die Größe der Latexpartikel über einen Bereich von 0,5 bis 15 µm regelbar eingestellt werden kann. Erf.: *K.-H. Kahrs* u. *A. Kühlkamp*. Inh.: Farbwerke Hoechst AG vorm. Meister Lucius & Brüning, Frankfurt/M. (DB). A. 6. 12. 57, B. 3. 1. 67. Kl.: 39c, 25/01. Prior.: 8. 12. 56 (DB; A.-Z.: F 21884). Entspr. SzP 427287.

SvP 210165. Verfahren zur Erhöhung der Wärme- und Lichtbeständigkeit bei halogenierten Vinyl- und/oder Vinylidenpolymeren. Erf.: *L. Scarso, G. Baccato* u. *A. Rigo*. Inh.: Società Edison S. p. A., Mailand (It). A. 23. 12. 63, B. 3. 1. 67. Kl.: 39c, 25/01. Prior.: 22. 12. 62 (It; A.-Z.: 25130). Entspr. USP 3354135.

SvP 211000. Verfahren zur Herstellung einer Polymerkomposition mit hoher Schlagfestigkeit sowie nach dem Verfahren hergestellte Komposition. Erf.: *G. Natta, E. Beati* u. *F. Severini*. Inh.: Montecatini Soc. Gen. per l'Industria Mineraria e Chimica, Mailand (It). A. 28. 7. 58, B. 14. 2. 57. Kl.: 39c, 25/01. Prior.: 2. 8. 57 (It; A.-Z.: 11585). Entspr. SzP 374204.

SUP 210364 (Urheberschein). Verfahren zur Herstellung von Copolymeren des Styrols. Erf.: *E. E. Baroni, L. I. Karegišvili, K. A. Koryrzina* u. *V. M. Šonija*. Anm.: Fiziko-techničeskij institut. A. 13. 6. 66. B. 6. 2. 68. Kl.: 39c, 25/01. A.-Z.: 1083497/23–5.

SUP 210365 (Urheberschein). Verfahren zur Herstellung von Copolymeren des Styrols. Erf.: *A. V. Golubeva, N. F. Usmanova, V. M. Bulatova, K. A. Sirograkova, G. A. Bezborodko, A. V. Fadeeva, L. A. Klinkovskaja* u. *E. E. Javceva*. A. 27. 4. 62, B. 6. 2. 68. Kl.: 39c, 25/01. A.-Z.: 715911/23–5.

SUP 211090 (Urheberschein). Verfahren zur Herstellung von Perfluorpolypropylenoxid. Erf.: *V. Ja. Kazakov, E. V. Gjul'nazarova, L. A. Savel'ev, S. Ju. Usmanova* u. *V. K. Muromskaja*. A. 14. 10. 66, B. 8. 2. 68. Kl.: 39c, 25/01. A.-Z.: 1107637/23–5.

ČSP 126216. Verfahren zur Herstellung von Copolymeren von Äthylen mit Cycloolefinen oder Alkylcycloolefinen. Erf.: *Giulio Natta, Gino Dall'asta, Giorgio Mazzanti, Italo Pasquon, Alberto Valvassori* u. *Adolfo Zambelli*. A. 7. 7. 62, B. 15. 8. 67. Kl.: 39c, 25/01. Int. Kl.: C 08f. A.-Z.: 4105/62. Prior.: 8. 7. 61 (It).

USP 3365434. Metallreduzierte Übergangsmetallhalogenidkatalysatoren. Erf.: *Harry M. Coover jr.* u. *Newton H. Shearer jr.* Inh.: Eastman Kodak Co., Rochester, N. Y. A. 5. 9. 63, B. 23. 1. 68. Kl.: 260–93,7. 20 Anspr. A.-Z.: 306691. Entspr. FrP 1410482 u. GBP 1077682.

USP 3367902. 1.1-Dichlor-2-vinylcyclopropanpolymeres und Verfahren zu dessen Herstellung. Erf. u. Inh.: *Arthur D. Ketley*, 5508 Roosevelt St., Bethesda, Md. 20014. A. 12. 11. 65, B. 6. 2. 68. Kl.: 260 – 33,6. 10 Anspr. A.-Z.: 507572. Entspr. FrP 1499009.

DAS 1258091. Verfahren zur Herstellung von ungesättigten Isobutylen-Pfropfcopolymerisaten. Erf.: *Günther Daumiller, Ernst-Günther Kastning* u. *Herbert Naarmann*. Anm.: Badische Anilin- & Soda-Fabrik AG, 6700 Ludwigshafen. A. 8. 5. 65, B. 4. 1. 68. Kl.: 39c, 25/05. A.-Z.: B81827 IVd/39c. Entspr. FrP 1480457.

DAS 1258100. Verfahren zum Phosphorylieren hydroxylgruppenhaltiger polymerer Stoffe. Erf.: *Eduard Bergmeister* u. *Joseph Heckmaier*. Anm.: Wacker-Chemie GmbH, 8000 München 22, Prinzregentenstr. 20. A. 22. 11. 60, B. 4. 1. 68. Kl.: 39c, 30. A.-Z.: W 28966 IVd/39c. Entspr. GBP 995489 u. USP 3250756.

USP 3365405 Zus. z. Pat. m. A.-Z.: 168249. A. 23. 1. 62. Verfahren zum Polymerisieren von Olefinoxiden unter Verwendung eines wärmebehandelten Metallphosphats als Katalysator. Erf.: *Kenichi Fukui, Sachio Yuasa, Tsutomu Kagiya, Takeo Shimizu*, u. *Takezo Sano*. Inh.: Sumitomo Chemical Co. Ltd., Osaka (Ja). A. 25. 4. 66, B. 23. 1. 68. Kl.: 260 – 2. 4 Anspr. A.-Z.: 544831. Prior.: 28. 1. 61 (Ja; A.-Z.: 36/2723).

Klasse 47k. Allgemein anwendbare Verfahren und Vorrichtungen zum Bewegen, Führen und Speichern, z. B. Wickeln von faden-, draht-, seil-, kabel-, schlauch-, band- oder bahnförmigem Gut

SzP 450093. Verfahren und Vorrichtung für die Ausführung von Kopf-zu-Kopf-Verbindungen mit Stoßlasche an sich von sich bewegenden Rollen abwickelnden Bändern. Erf.: *Francesco Osta, S. Giorgio Monferrato*. Inh.: Rotomec S. p. A., S. Georgio Monferrato (It). A. 14. 9. 66. Kl.: 47k, 3/08 (15d, 30/05). A.-Z.: 13352/66. Prior.: 30. 9. 65 (It; A.-Z.: 21986/65).

Klasse 55b. Verfahren zur Herstellung von Zellstoff, Zellstoffkocher, Wiedergewinnung der Ablaugen und Abgase

DAS 1255471. Verfahren zur Erzeugung von Zellstoff mittels kalkreicher Bisulfitkochsäuren. Erf. u. Anm.: *Günter Engelhardt*, Altenburg, Bez. Leipzig, u. *Gunter Bergmann*, Torgau/Elbe. A. 3. 2. 61, B. 30. 11. 67. Kl.: 55b, 1/20. A.-Z.: E 20545 IVa/55b.

SvP 210429. Verfahren zur Herstellung von Sulfitzellstoff in zwei oder evtl. drei Behandlungsstufen. Erf.: *B. R. M. Monnberg* u. *H. I. O. Hassinen*. Inh.: Rauma-Repola O/Y, Raumo (Fi). A. 29. 8. 60. B. 17. 1. 67. Kl.: 55b, 1/20. Prior.: 15. 2. 60 (Fi; A.-Z.: 236).

SUP 209963 (Urheberschein). Vorrichtung zur Regelung des Heizvorgangs der Lauge in einer Anlage zur kontinuierlichen Zellstofferkochung. Erf.: *A. I. Sinicyn, I. M. Abramzon* u. *B. I. Frid*. Anm.: Leningradskij filial vsesojuznogo naučno-issledovatel'skogo i konstruktorskogo instituta chimičeskogo mašinostroenija. A. 23. 11. 64, B. 26. 1. 68. Kl.: 55b, 2/10. A.-Z.: 930762/29 – 14.

SvP 210197. Verfahren zur Rückgewinnung von Chemikalien und Wärme aus Celluloseablauge. Erf.: *C. A. Bergholm*. Inh.: Billeruds AB, Säffle u. Svenska Cellulosa AB, Sundsvall. A. 20. 1. 65, B. 3. 1. 68. Kl.: 55b, 3/01.

SvP 210863. Verfahren zur Regenerierung von Na-bisulfit- oder -neutralsulfitlaugen. Erf.: *V. Kubelka* u. *J. Hojnoš*. Inh.: Prvni brnenské strojirna závody Klementa Gottwalda./p. Brünn (ČS). A. 12. 8. 58, B. 7. 2. 67. Kl.: 55b, 3/10.

SUP 210652 (Urheberschein). Verfahren zur Laugereinigung. Erf.: *S. A. Sapotnickij, N. V. Glušenko, T. G. Spičkina* u. *O. I. Ignat'eva*. Anm.: Vsesojuznyj naučno-issledovatel'skij institut gidroliznoj i sul'fitnospirtovoj promyšlennosti. A. 18. 5. 64, B. 6. 8. 68. Kl.: 55b, 3/10. A.-Z.: 900824/29 – 14.

Literaturschau

Auszug aus Lieferung 17 und 18/1968 der Referatekartei „Faserstoffe und Textiltechnik", zusammengestellt von der Abteilung Wissenschaftliches Berichtswesen des Instituts für Faserstoff-Forschung der DAW 153 Teltow- Seehof, Kantstr. 55

I. Wissenschaftliche Grundlagen

Allgemeines

(Untersuchungsmethoden u. a.)

Kluev, V. P., Mazurin, O. V., Sachov, V. B.: Geber für geringe Verschiebungen und seine Anwendung in der Viskosimetrie und Dilatometrie. Zavodsk. Labor. (Betriebslabor) **34** (1968) 5, S. 613 – 615.

Štejngel'mejer, S. V.: Vibrationsviskosimeter. Zavodsk. Labor., Moskva (Betriebslabor) **34** (1968) 6, S. 764 – 765.

Boltz, D. F., Mellon, M. G.: Absorptionsspektrometrie mit sichtbarem Licht. Analytic. Chem. **40** (1968) 5, S. 255 R – 273 R.

Crummett, W., Hummel, R.: UV-Spektrometrie. Analytic. Chem. **40** (1968) 5, S. 330 R – 345 R.

Crisler, R. O.: IR-Spektrometrie. Analytic. Chem. **40** (1968) 5, S. 246 R bis 254 R.

DeVoe, J. R., Spijkerman, J. J.: Mössbauer-Spektroskopie. Analytic. Chem. **40** (1968) 5, S. 472 R – 489 R.

Mulay, L. N., Mulay, I. L.: Magnetische Suszeptibilität, Aspekte der Geräteausstattung und -anwendung auf die Chemie und Festkörperwissenschaft. Analytic. Chem. **40** (1968) 5, S. 440 R – 455 R.

Williams, F. E.: Analytische Destillation. Analytic. Chem. **40** (1968) 5, S. 62 R – 63 R.

Rechnitz, G. A.: Kinetische Aspekte der analytischen Chemie. Analytic. Chem. **40** (1968) 5, S. 455 R – 458 R.

Harlow, G. A., Morman, D. H.: Titration in nichtwäßrigen Lösungsmitteln. Analytic. Chem. **40** (1968) 5, S. 418 R – 428 R.

Hume, D. N.: Polarographische Theorie, Geräte und Methoden. Analytic. Chem. **40** (1968) 5, S. 174 R – 185 R.

Rosenbaum, S.: Wirkung des Drucks auf die Lösungsmittelpermeation durch semipermeable Membranen. J. Polymer Sci., B: Polymer Letters **6** (1968) 4, S. 307 – 311.

Samorodova-Bianka, G. B.: Die Verwendung von Cellulosepulver für die Dünnschichtchromatographie. Fiziologija Rastenij (Pflanzenphysiologie) **15** (1968) 4, S. 704 – 708.

Pearson, J. R. A.: Säulen-Gradientenmethode für Dichtebestimmung. Polymer, London **9** (1968) 5, S. 283 – 284.

Physik und Chemie der Hochpolymeren

Schott, H.: Rheologie von geschmolzenen Polymeren. Anwendung der *Cross*-Gleichung und Viskosität bei unendlicher Scherung. Rheologica Acta, Darmstadt **7** (1968) 2, S. 179 – 183. (engl.).

Tokuzumi, T., Fujisawa, M., Maki, H.: Viskoelastische Messungen von Äthylen/Propylen-Blockcopolymeren unter Anwendung von Ultraschallwellen. Kobunshi Kagaku, Tokyo (Chem. High Polymers) **25** (1968) 277, S. 305 – 311 (jap.; engl. Zusammenfass.).

Giesekus, H.: Nicht-lineare Effekte beim Strömen viskoelastischer Flüssigkeiten durch Schlitz- und Lochdüsen. Rheologica Acta, Darmstadt **7** (1968) 2, S. 127 – 138.

Seves, A., Cremonesi, P.: Viskosimetrisches Verhalten von Cellulosecopolymeren in Mischung mit Lösungsmitteln. Nitrocellulose/Polyacrylnitril. Ricerca Doc. tessile, Milano (Textilforsch. u. -dok.) (1967) 4, S. 154 – 159.

Prati, G.: Viskosimetrisches Verhalten von hydrolysierten Acrylfaserstoffen. Ricerca Doc. tessile, Milano (Textilforsch. u. -dok.) (1967) 4, S. 172 – 177.

Kraševinnikov, A. I., Petrov, È. I., Malachov, R. A.: Einfluß der Natur des Dispergiermediums auf die rheologischen Eigenschaften der Suspensionen von Acrylnitril/Methylacrylat-Copolymeren. Kolloid. Ž. Moskva **30** (1968) 4, S. 625 – 626.

Textiltechniker machen größeren Gebrauch von spektroskopischen Analysenverfahren. Chem. engng. News **46** (1968) 23, S. 48 – 53.

Kissin, Ju. V., Cvetkova, V. I. Čirkov, N. M.: Untersuchung der Natur der beim Schmelzen von Polypropylen verschwindenden UR-Absorptionsbanden. Vysokomol. Soed. (Hochmol. Verbind.) **10** A (1968) 5, S. 1092 bis 1096.

Kuznecova, Z. I., Ermolemko, I. N., Ivanova, V. S., Gusev, S. S., Ivanova, E. G.: UR-Absorptionsspektren von selektiv substituierten Cellulosenitraten und ihren Modellverbindungen. Izv. Akad. Nauk SSSR, Serija chim. (Nachr. Akad. Wiss. UdSSR, Chemie) (1968) 6, S. 1301 – 1305.

Clough, S. B., Stein, R. S.: Lichtstreuung mehrfacher Ordnung an ringförmigen Sphärolithen. J. Polymer Sci., A – 2: Polymer Physics **6** (1968) 4, S. 783 – 786.

Bezruk, L. I., Lipatov, Ju. S., Grabošnikova, V. I., Očkivskij, A. P.: Elektronenmikroskopische Feststellung des Vorliegens von parakristallinen Schichten in Fibrillen von Polymeren. Vysokomol. Soed. (Hochmol. Verbind.) **10** B (1968) 4, S. 237 – 238.

Polčin, J., Karhánek, M.: Elektronenmikroskopische Untersuchung der morphologischen Veränderungen in Cellulosefasern während der Quellung. Svensk Papperstidn. **71** (1968) 11, S. 441 – 445.

Horsley, W. J., Sternlicht, H.: Magnetische Resonanzstudien an Aminosäuren und Peptiden mittels ^{13}C. J. amer. chem. Soc. **90** (1968) 14, S. 3738 bis 3748.

Klesper, E.: KMR-Untersuchung von cosyndiotaktischen Methylmethacrylat/Methacrylsäure-Copolymeren. J. Polymer Sci., B: Polymer Letters **6** (1968) 4, S. 313 – 321.

Thryion, F. C., Baijal, M. D.: Elektronenspinresonanz-Untersuchung von Polyglykolen. J. Polymer Sci. A – 1: Polymer Chem. **6** (1968) 3, S. 505 bis 511.

Nakajima, A., Saijyo, A.: Ungestörte Kettenabmessungen von isotaktischem Polypropylen in Theta-Lösungsmitteln. J. Polymer Sci., A – 2: Polymer Physics **6** (1968) 4, S. 735 – 744.

Ide, F., Hasegawa, A., Kodama, T.: Umsetzung von isotaktischem Polypropylen mit Maleinsäureanhydrid und Vernetzung der Reaktionsprodukte durch Ionen. II. Umsetzung in einem Lösungsmittel. Kobunshi Kagaku, Tokyo (Chem. High Polymers) **25** (1968) 275, S. 167 – 172 (jap.; engl. Zusammenfass.).

Ide, F., Hasegawa, A., Kamada, K.: Umsetzung von isotaktischem Polypropylen mit Maleinsäureanhydrid und Vernetzung der Reaktionsprodukte durch Ionen. III. Physikalische Eigenschaften von mit Ionen vernetzten Produkten. Kobunshi Kagaku, Tokyo (Chem. High Polymers) **25** (1968) 277, S. 298 – 304 (jap.; engl. Zusammenfass.).

Gould, R. W., Hendricks, R. W.: Ein Probenhalter für Hochtemperatur-Untersuchungen im Vakuum mit der *Kratky*-Kamera. J. sci. Instruments (J. Physics E) **1** (1968) 6, S. 681.

Kargin, V. A., Koreckaja, T. A.: Morphologie der übermolekularen Strukturen von isotaktischem Polystyrol. Vysokomol. Soed. (Hochmol. Verbind.) **10** A (1968) 5, S. 1074 – 1077.

Raes, G., Fransen, T., Verschraege, L.: Untersuchung der Umkehrerscheinung in der Fibrillenstruktur der Baumwollfaser. Verteilung des Umkehrabstandes als Ursprung einer erweiterten Hypothese über die Entwicklung der Baumwollfaser. Textile Res. J. **38** (1968) 2, S. 182 – 195.

Bogaevskaja, T. A., Gatovskaja, T. V., Kargin, V. A.: Untersuchung der Strukturierung von Polypropylen in der Schmelze und in der Lösung mit Hilfe der Sorptionsmethode. Vysokomol. Soed. (Hochmol. Verbind.) **10** A (1968) 6, S. 1357 – 1361.

Vedenov, A. A., Dychne, A. M.: Theorie des Überganges Schraube/Knäuel in langen Molekülen. Z. éksp. teoret. Fiziki (Z. experim. theor. Physik) **55** (1968) 1(7), S. 357 – 362.

Tomka, J.: Bemerkung zur Anwendung der Avrami-Gleichung zur Interpretation der primären Kristallisation von Polymeren. European Polymer J. **4** (1968) 2, S. 237 – 240.

Bergmann, K.: Die Änderung des Kristallisationsgrades von linearem Polyäthylen während der Behandlung mit rauchender Salpetersäure. Kolloid-Z./Z. Polymere **223** (1968) 2, S. 167–168.

Natta, G., Corradini, P., Bassi, I. W., Fagherazzi, G.: Die Kristallstruktur von 1,2-isotaktischem Poly-4-methylpentadien-1,3. European Polymer J. **4** (1968) 2, S. 297–315.

Hummel, K.: Die Abhängigkeit der Reaktivität von der Molekülgröße. Kautschuk, Gummi, Kunststoffe **21** (1968) 5, S. 240–244.

Koršak, V. V., Černomordik, Ju. A., Vinogradova, S. V., Pavlova, S. A., Babčinicer, T. M.: Synthese und Untersuchung der physikalisch-mechanischen Eigenschaften von verzweigten Polyarylaten. Vysokomol. Chem. (Hochmol. Verbind.) **10 A** (1968) 5, S. 1144–1147.

Otecka, E. P., Kwei, T. K.: Eigenschaften von Äthylen/Acrylsäure-Copolymeren. Macromolecules, Washington **1** (1968) 3, S. 244–249.

Kujirai, C., Hashiya, H., Furuno, H., Terada, N.: Photochemische Vernetzung von Polypropylen. J. Polymer Sci., A–1: Polymer Chem. **6** (1968) 3, S. 589–593.

Sinicyna, G. M., Vlodavec, I. N.: Kinetik der Acetalisierung von kondensierten Strukturen des Polyvinylfomals in heterogener Phase. Vysokomol. Soed. (Hochmol. Verbind.) **10 A** (1968) 6, S. 1240–1250.

Schleicher, H., Lang, H.: Über den Zusammenhang verschiedener analytisch ermittelter Parameter bei Viskosezellstoffen. Zellstoff u. Papier **17** (1968) 7, S. 207–211.

Kononenko, L. V., Dimitrieva, V. N., Pavlov, A. I., Cejtlin, G., M., Bezuglyj, V. D., Koršak, V. V.: Polarographische Bestimmung 2,2'-bis-(3-Amino-4-oxyphenyl)-propan in Polymeren. Z. anal. Chimii (Z. analyt. Chemie) **23** (1968) 7, S. 1032–1035.

Zitomer, F.: Thermogravimetrisch-massenspektrometrische Analyse. Analytic. Chem. **40** (1968) 7, S. 1091–1095.

Gol'denberg, V. I., Šljapintoch, V. Ja., Postnikov, L. M.: Über den Wirkungsmechanismus von Photostabilisatoren für Polymere bei der photosensibilisierten Oxydation von Kohlenwasserstoffen. 1. Mitt. Wirkungsmechanismus von Photostabilisatoren. Izv. Akad. Nauk SSSR, Serija chim. (Nachr. Akad. Wiss. UdSSR, Chemie) (1968) 7, S. 1483–1489.

Gavrilenko, I. F., Dolgoplosk, B. A., Sandomirskaja, N. D., Stefanovskaja, N. N., Tinjakova, E. J.: Dehydrierung von Polyalkylen- und Polyacrylensulfiden mit Chloranil. Izv. Akad. Nauk SSSR, Serija chim. (Nachr. Akad. Wiss. UdSSR, Chemie) (1968) 6, S. 1422.

Horner, L., Balzer, W.-D.: Phosphororganische Verbindungen. 60. Mitt. Aufbau und Eigenschaften eines optisch aktiven Anionenaustauschers mit identischem Chiralitäts- und Ladungszentrum. Makromol. Chemie **115** (1968) S. 245–249.

Durand, J. P., Teyssié, Ph.: Äquimolare binäre Polydiene. III. Nickelkatalysator für die Darstellung von äquibinärem Poly(cis-1,4-trans-1,4)-butadien). J. Polymer Sci., B: Polymer Letters **6** (1968) 4, S. 299–301.

Zalukaev, L. P., Sorokina, G. I.: Über den Mechanismus einiger Synergismusarten. Dokl. Akad. Nauk SSSR (Ber. Akad. Wiss. UdSSR) **181** (1968) 2, S. 353–356.

Landyševa, V. A., Ložkin, V. E., Antipova, G. I., Karnišin, A.: Zur Umsetzung von Acetylcellulose mit Dicyclohexylperoxydicarbonat. Vysokomol. Soed. (Hochmol. Verbind.) **10 B** (1968) 4, S. 292–295.

Hatano, M., Nozawa, T.: Yamamoto, T., Kambara, Shu: Bildung von Poly(acrylhydroxamsäure)-Kupfer-Chelaten. Makromol. Chemie **115** (1968) S. 1–9 (engl.).

Hatano, M., Nozawa, T., Yamamoto, T., Kambara, S.: Katalytische Effekte von Poly(acrylhydroxamsäure)-Kupfer-Chelaten auf die Abbaureaktion von Wasserstoffperoxid. Makromol. Chemie **115** (1968) S. 10–16 (engl.).

Yannas, I. V., Tobolsky, A. V.: Hochtemperatur-Umwandlungen von Gelatine. European Polymer. J. **4** (1968) 2, S. 257–264.

Jellinek, H. H. G., King Dean Luh: Thermischer Abbau von Polymethylmethacrylat. Aktivierungsenergien. Makromol. Chemie **115** (1968) S. 89–102 (engl.).

Berlin, A. A., Levantovskaja, I. I., Kovarskaja, B. M., Draljuk, G. V., Raginskaja, L. M.: Über den Einfluß von Natriumchlorid auf den thermooxydativen Abbau und die Stabilisierung von Polycarbonat. Vysokomol. Soed. (Hochmol. Verbind.) **10 A** (1968) 5, S. 1103–1107.

Havriliak jr., S.: Dielektrische Relaxation und andere Eigenschaften von syndiotaktischem und isotaktischem Polymethylmethacrylat. Polymer, London **9** (1968) 6, S. 289–324.

Physik und Chemie der Monomeren und Oligomeren

Krishnan, M. R. V., Laddha, G. S.: Viskosität binärer flüssiger Gemische. Voraussage aus ν-X-Werten. IEC. Ind. engng. Chem./Fundamentals **7** (1968) 2, S. 324–327.

Gal'pern, G. M., Il'ina, V. A., Petrova, L. P., Sidel'kovskaja, F. P.: Analyse von alkalischen Lactam- bzw. Aminosäure-Salzen durch Titration in nichtwäßrigen Medien. Zavodsk. Labor. Moskva (Betriebslabor) **34** (1968) 4, S. 416.

Koršak, V. V., Rusanov, A. L., Bočvar, D. A., Stankevič, I. V.: Über die Korrelation zwischen der Basizität aromatischer Diamine mit Berechnungsergebnissen nach der LCAO-MO-Methode. Dokl. Akad. Nauk SSSR (Ber. Akad. Wiss. UdSSR) **181** (1968) 4, S. 885–887.

Polymerisation

Kossmehl, G., Manecke, G.: Versuche zur photochemischen Pfropfpolymerisation. Makromol. Chemie **115** (1968) S. 285–286.

Eliseeva, V. I.: Bildungskinetik der Teilchen während der Latex-Polymerisation. Dokl. Akad. Nauk SSSR (Ber. Akad. Wiss. UdSSR) **161** (1968) 8, S. 389–392.

Daumiller, G.: Polymerisationsreaktionen in der Technik, Chemie-Ing.-Technik **40** (1968) 14, S. 673–682.

Tatarenko, L. A., Pudov, V. S.: Bildung niedermolekularer Kohlenwasserstoffe bei der Spaltung von Polypropylen-Hydroperoxid. Vysokomol. Soed. (Hochmol. Verbind.) **10 B** (1968) 4, S. 287–291.

Kuze, K., Miwa, Sh.: Synthese von Polyamiden mit aromatischen Ringen in der Hauptkette. III. Über die Entstehung der Vernetzungen durch Bildung von Iminogruppen während der Herstellung von Polyamiden. Kobunshi Kagaku, Tokyo (Chem. High Polymers) **25** (1968) 277, S. 318–324.

Sazanov, Ju. N.: Polymerisation von Lactonen. Usp. Chimii (Fortschr. d. Chemie) **37** (1968) 6, S. 1084–1096.

Otsu, T., Kinoshita, Y., Nakamuchi, A.: Der Einfluß von Silbernitrat auf die Copolymerisation von Vinylchlorid mit Äthylen. Makromol. Chemie **115** (1968) S. 275–277.

Pljusnin, A. N., Čirkov, N. M.: Über die Besonderheiten der Polymerisationskinetik von Tetrafluoräthylen in wäßrigen Persulfatlösungen. Vysokomol. Soed. (Hochmol. Verbind.) **10 A** (1968) 5, S. 1058–1064.

De Witte, E., Goethals, E. J.: Polymerisation und Copolymerisation von Allyläthylensulfonat. Makromol. Chemie **115** (1968) S. 234–244.

Yamazaki, Sh., Fukuda, M., Hamashima, M.: Mechanismus der heterogenen Polymerisation im wäßrigen Medium. I. Elektronenmikroskopische Beobachtungen über den Einfluß der Geschwindigkeit des Rührens bei der Polymerisation von Methylmethacrylat. Kobunshi Kagaku, Tokyo (Chem. High Polymers) **25** (1968) 276, S. 203–214 (jap.; engl. Zusammenfass.).

Shaw, J. N., Marshall, M. C.: IR-spektroskopische Untersuchungen von Polystyrol-Emulsionspolymeren: Einfluß der Oxydation während der Polymerisation. J. Polymer Sci., A–1: Polymer Chem. **6** (1968) 3, S. 449 bis 458.

Jaacks, V., Frank, H., Grünberger, E., Kern, W.: Der Mechanismus der Wasserstoffübertragung bei der kationischen Polymerisation von Trioxan. Makromol. Chemie **115** (1968) S. 290–295 (engl.).

Kobayashi, E., Okamura, S.: Verteilung der rel. Molekülmassen im durch Nachpolymerisation in fester Phase von mit γ-Strahlen induziertem Trioxan hergestellten Polyoxymethylen. Kobunshi Kagaku, Tokyo (Chem. High Polymers) **25** (1968) 277, S. 313–317 (jap.; engl. Zusammenfass.).

Wasserman, E., Ben-Efraim, D. A., Wolovsky, R.: Synthese von Kohlenstoffmakroringen bis C_{120}. J. amer. chem. Soc. **90** (1968) 12, S. 3286–3287.

Tazuke, Sh., Okada, T., Okamura, S.: Thermische Polymerisation und Elektronenspektren des Vinylpyridin/Zinkacetat-Systems. Makromol. Chemie **115** (1968) S. 213–222 (engl.).

Sonderfragen

Kunin, R., Gustafson, L.: Ionenaustausch. Analytic. Chem. **40** (1968) 5, S. 136R–138R.

Mikhail, R. Sh., Brunauer, St., Bodor, E. E.: Untersuchungen über die vollständige Analyse der Porenstruktur. I. Analyse von Mikroporen. II. Analyse von vier Silikagelproben. J. colloid. interface Sci. **26** (1968) 1, S. 45–53; 54–61.

II. Faserstoffe. Ausgangsstoffe. usw.

Skarszewska, B.: Anwendung der Polyvinylchloridfasern in Mischungen mit Flachsfasern für die Herstellung von schwer entflammbaren Erzeugnissen. Przegl. włókienn. (Textil-Rdsch.) **22** (1968) 4/5, S. 204–205.

Naturfaserstoffe

Pflanzliche Faserstoffe

Simor, P.: Automatisierung und Zukunft der Flachsindustrie. Ind. textile. Paris (1968) 968, S. 331–335.

Cierpucha, W., Stosuj, W., Uranowicz, K. S.: Neue Technologie verbessert die Methoden der Flachsfaserbehandlung. Textile Manuf. **94** (1968) 1121, S. 181–185, 193.

Entwicklung von Baumwollen mit verbesserten Entkörnungseigenschaften. Textile Manuf. **94** (1968) 1121, S. 213.

Jeffries, P., Roberts, J. G., Robinson, R. N.: Zugänglichkeit und reaktive Stellen von Baumwolle. Textile Res. J. **38** (1968) 3, S. 234–244.

Tierische Faserstoffe

Johnson, A.: Zweckgewachsene Wollen – Teil 1: Änderung der Filzeigenschaften der Wolle durch die Nahrung des Schafes. J. Textile Inst. **59** (1968) 5, S. 243–252.

Meckel, L.: Zum Angriff behandelter Wolle durch Kleidermotten. Melliand Textilber. **49** (1968) 8, S. 929–932.

Miro, P., Garcia-Dominguez, J. J.: Bildung von Querbrücken in Wolle durch nucleophile Reagenzien. Invest. Inform. textil, Barcelona **11** (1968) 1, S. 11–24.

Griffith, J. C., Alexander, A. E.: Gleichgewichts-Adsorptionsisotherme für Systeme Wolle/Detergens. I. Adsorption von Natriumdodecylsulfat durch Wolle. J. colloid. interface Sci. **25** (1967) 3, S. 311–316.

Chemiefaserstoffe

Görlach, H.: Temperaturbeständige Fasern. Chemiefasern **18** (1968) 8, S. 575–580.

Žorov, A. M., Kričevskij, I. E.: Ökonomische Probleme des Einsatzes von Chemiefasern. Tekstil. Prom., Moskva (Textil-Ind.) **28** (1968) 6, S. 3–7.

Cellulose und Zellstoff

Markov, I. G., Macelo, V. G.: Verwendung von Pappelholz in der Zellstoff- und Papierindustrie. Bumaž. Prom. (Papier-Ind.) (1968) 5, S. 8–10.

Rozmarin, Gh., Solomin, B., Simionescu, Cr.: Untersuchung des Gleichgewichtes zwischen Lignin und Kohlehydraten im Schilf. Celuloză și Hîrtie, București (Cellulose u. Papier) **17** (1968) 6, S. 230–236.

Côté jr., W. A., Kutscha, N. P., Simson, B. W., Timell, T. E.: Untersuchungen an Druckholz. VI. Verteilung der Polysaccharide in der Zellwand der Tracheiden von Druckholz aus Balsamfichte (Abies balsamea (L.) Mill.). Tappi, New York **51** (1968) 1, S. 33–40.

Swan, B.: Jahreszeitliche Änderungen des Extraktgehaltes von Kiefernholz und Sulfitzellstoffen. Svensk Papperstidn. **71** (1968) 11, S. 436–440.

Casperson, G., Jacopian, V.: Philipp, B., Zum Einfluß verschiedenartiger Aufschlußprozesse auf die Ultraschallstruktur des Reaktionsholzes der Pappel. Svensk Papperstidn. **71** (1968) 13/14, S. 482–487.

Kosaja, G. S., Čečurina, Z. N.: Sulfatzellstoff für die Acetylierung. Bumaž. Prom. (Papier-Ind.) (1968) 7, S. 9–10.

Tumanova, T. A.: Oxydationswirkung von Chlordioxid auf Cellulose. Bumaž. Prom. (Papier-Ind.) (1968) 6, S. 7–8.

Ali, S. F., Wilson, G. G., Whitney, W. H.: Regenerierung von Sulfitablauge nach dem Verfahren von *Pritchard/Fraxon*. Tappi, New York **51** (1968) 7, S. 69 A–81 A.

Barabanov, N. N., Polkjaova, V. M.: Ultraschallverfahren zur Bestimmung des Wassergehaltes in Essigsäurelösungen von Acetylcellulose. Zadovsk. Labor (Betriebslabor) **34** (1968) 5, S. 560.

Erofeev, L. N.: Bestimmung der Zellstoffausbeute aus dem Holz. Bumaž. Prom. (Papier-Ind.) (1968) 8, S. 1–3.

Synthetische Faserstoffe

Polyesterfasern für amerikanische Teppiche und Haustextilien. Spinner, Weber, Textilveredlung **86** (1968) 7, S. 622.

Du Pont macht keine Angaben über den chemischen Aufbau eines neuen Faserstoffes. Chem. engng. News **46** (1968) 29, S. 12.

Weber, E.: Die Bedeutung des Niederdruckpolyäthylens auf dem Gebiet der Bändchengewebe. Spinner, Weber, Textilveredlung **86** (1968) 7, S. 612 bis 616.
Malinowski, L., Oberle, T.: Anwendung der Polyacrylnitrilfaser „Anilana" in der Baumwollindustrie. Przegl. włókienn. (Textil-Rdsch.) **22** (1968) 4/5, S. 221–227.
Wie man Filmfäden behandelt. Textile Month (1968) 5, S. 68, 70, 71.

Künstliche mineralische Faserstoffe

Wiedemann, G.: Einsatz von Glasseide in der Textilindustrie. Teil II: Verwendung bei Filtergeweben für die Heißgasentstaubung. Dt. Textiltechnik **18** (1968) 8, S. 511–515.

Ausgangsstoffe. Schaumstoffe. Kautschuk

Broich, F.: Die Entwicklung des Synthesekautschuks und seine wirtschaftliche Bedeutung. Kautschuk, Gummi, Kunststoffe **21** (1968) 6, S. 299–304.

III. Fäden-Herstellungstechnologien

Endrei, W.: Die Entwicklung der Spinn- und Webtechniken vom Mittelalter bis zur industriellen Revolution. Ind. textile, Paris (1968) 968, S. 343–349.

Spinnerei. Zwirnerei

Spinnereivorbereitung

Kuročkin, N. S., Kočetkov, S. S.: Über die Möglichkeiten für eine Leistungssteigerung der Karde. Tekstil. Prom., Moskva (Textil-Ind.) **28** (1968) 4, S. 46–49.
Buturovič, I. Ch.: Frequenz-Analysenverfahren für die Ausgleichswirkung einer Deckelkarde. Izv. vysšich uč. Zav. Technol. tekstil. Prom. (Hochschulnachr. Technol. Textil-Ind.) (1968) 1, S. 40–45.
Bhaduri, S. N., Garde, A. R.: Der Öffnungsgrad der Baumwolle in der Putzerei und sein Einfluß auf die nachfolgenden Verarbeitungsprozesse. Textil-Praxis **23** (1968) 7, S. 431–436.
Vančikov, A. N.: Verarbeitung von Chemie-Spinnfasern auf den vorhandenen Maschinen des Baumwollspinnereityps. Tekstil. Prom., Moskva (Textil-Ind.) **28** (1968) 6, S. 31–35.
Greenwood, R.: Technische Anwendungsmöglichkeiten auf dem Gebiet der Regulierung. Ind. textile, Paris (1968) 968, S. 363–368.

Spinnerei

Carabulea, O., Marcovici, T.: Theoretische Betrachtungen über das ballonlose Spinnen. Ind. textilă, Bucureşti **19** (1968) 6, S. 343–345.
Gebald, G.: Die Verantwortung beim Anspinnen — ein Blick über Abteilungsgrenzen. Melliand Textilber. **49** (1968) 8, S. 908–910.
di Ceriani, L.: Die automatische Regelung des Verstreckens. Panorama tessile, Milano **5** (1968) 29, S. 6–12.
Heimeran, O.: Die Lagerung und Anordnung der Vorgarnspulen an Spinnmaschinen. Teil 3. Teil 4. Textil-Praxis **23** (1968) 7, S. 436–439; 8, S. 508–510.
Pimbert, P.: Die letzten Neuheiten bei den Kabel-zu-Kammzug-Verfahren. Ind. textile, Paris (1968) 968, S. 337–341.

Erzeugnisse der Spinnerei und Zwirnerei

Kašparek, Ja. V.: Gleichmäßigkeit und Festigkeit von nach dem Elementenspinnverfahren hergestelltem Garn. Izv. vysšich uč. Zav. Technol. tekstil. Prom. (Hochschulnachr. Technol. Textil-Ind.) (1968) 1, S. 16–20.
Gusev, V. E.: Neues System zur Herstellung von Garn für Tuch- und Maschenwaren. Tekstil. Prom., Moskva (Textil-Ind.) **28** (1968) 7, S. 20 bis 23.
Ferrara, D. A.: Neues Herstellungsverfahren für gedrehte, Baumwolle enthaltende Garne. Panorama tessile, Milano **4** (1967) 28, S. 9–13.
Majner, J.: Kontrolle der Ausspinnbarkeit des Garnes. Textil, Praha **23** (1968) 6, S. 213–214.
Kevorkjan, A., Pešev, Ch., Georgiev, I., Karameševa, M.: Garne und Gewebe aus Mischungen von Flachs- und Polyesterfaserstoffen. Tekstil. Prom., Sofija (Textil-Ind.) **17** (1968) 4, S. 8–12.
Duch, G., Schlimper, D.: Nähzwirnentwicklung in der DDR. Bekleid. u. Maschenware **7** (1968) 4, S. 180–182.

Texturfäden

Dudik, E. F.: Untersuchungen auf dem Gebiet der Herstellung von dehnbaren Kräusel-Texturgarnen nach dem Klingenverfahren. Mitt. 1. Izv. vysšich uč. Zav. Technol. legkoj Prom. (Hochschulnachr. Technol. Leichtind.) (1958) 3, S. 21–26.
Voevodina, N. P., Usenko, V. A.: Einfluß der thermischen Behandlung auf Eigenschaften und Struktur von Kapron-Texturseide. Izv. vysšich uč. Zav. Technol. tekstil. Prom. (Hochschulnachr. Technol. Textil-Ind.) (1968) 2, S. 26–28.
Bruce, C. S.: Technische Entwicklungen mit „Crimplene". Hosiery Times **41** (1968) 468, S. 37–39, 41, 42, 45, 46, 49, 50, 51, 52, 55, 56, 59.

IV. Flächengebilde-Herstellungstechnologien

Min'kov, M. Z., Palladov, S. S.: Gerät und Methodik zur Untersuchung von Filterstoffen. Izv. vysšich uč. Zav. Technol. legkoj Prom. (Hochschulnachr. Technol. Leichtind.) (1968) 2, S. 26–29.
Günter, M.: Welcher Trend läßt sich bei einigen wichtigen textilen Erzeugnissen am Markt erkennen? Textil-Praxis **23** (1968) 7, S. 461–465.
Zwischenfutter und Nähfäden. Japan Textile News (1968) 150, S. 73–76.

Materialvorbereitung

Schmitz, K.: Zusammenhang zwischen Schärgattergröße und Lohnkosten. Z. ges. Textilind. **70** (1968) 8, S. 549–553.
Norton, J.: Die Verarbeitung von Polypropylen-Bändern (Folienstreifen) in der Webereivorbereitung. Textile Inst. Ind. **6** (1968) 8, S. 218–220.
Schmitz, K.: Der Einsatz des Hakenblattes in der Plüschindustrie. Melliand Textilber. **49** (1968) 8, S. 899–907.

Weberei

Französische schützenlose Webmaschinen bringen Wandlungsfähigkeit in der Weberei. Textile World **118** (1968) 6, S. 51–55.
Buzovkin, V. A.: Die Kettfadenbruchhäufigkeit in Abhängigkeit von der Kettbaumbreite. Tekstil. Prom., Moskva (Textil-Ind.) **28** (1968) 7, S. 63–65.
Kirchenberger, H.: Versuch eines Leistungsvergleiches zwischen Webautomaten mit und ohne Spulenschützen. Dt. Textiltechnik **18** (1968) 8, S. 488–493.
Boczkowski, D.: Polnische Wollgewebe mit Polyester- und Polyacrylnitrilfasern. Przegl. włókienn. (Textil-Rdsch.) **22** (1968) 4/5, S. 205–217.
Dowgielewicz, St.: Schwer entflammbare Gewebe. Przegl. włókienn. (Textil-Rdsch.) **22** (1968) 4/5, S. 257–261.
Wild, H.: Monsanto fördert Mini-Foamed-Acrilan. Textile Month (1968) 5, S. 97.

Wirkerei und Strickerei. Konfektionstechnik. Sonstige Technologien

Pringle, C. B.: Die technische Ökonomie bei der Herstellung von Trikotstoff. Hosiery Trade J. **75** (1968) 894, S. 86, 89.

Erzeugnisse der Weberei

Kotomina, R. I.: Der Einfluß der Deformierungsrichtung auf die mechanischen Eigenschaften einiger Kammgarngewebe aus gemischten Faserstoffen. Mitt. 1. Izv. vysšich uč. Zav. Technol. legkoj Prom. (Hochschulnachr. Technol. Leichtind.) (1968) 2, S. 21–25.
Nagelsmann, H., Zalewski, E.: Die Herstellung von Beschichtungsgrundgeweben. Textil-Praxis **23** (1968) 8, S. 516–519.

Wirkerei- und Strickerei-Technologie

Wood, G.: Neue Entwicklungen in der Strumpfwirkerei. Textile Inst. Ind. **6** (1968) 7, S. 184–185.
Automatisch geschlossene DURA-VENT-Strumpfspitze. Wirk.- u. Strick.-Technik **18** (1968) 7, S. 371.
Kudrjavin, L. A.: Über die Kontrolle der Einarbeitung der Fäden auf Kettenwirkmaschinen. Izv. vysšich uč. Zav. Technol. legkoj Prom. (Hochschulnachr. Technol. Leichtind.) (1968) 3, S. 119–123.
Gibbon, J. E.: Eine Studie über die Kettenwirkerei . . . und die Aussichten bis 1975. Hosiery Trade J. **75** (1968) 894, S. 82–84.
Scotton, H. E.: Ketteln: Strittig und mißverständlich. Hosiery Times **41** (1968) 468, S. 30–32, 34.
Bauder, R.: Herrenanzugstoffe gestrickt und gewirkt. Textil-Praxis **23** (1968) 7, S. 439–441.
Whitmore, T. G.: Ein packendes Problem für Strumpfhersteller. Hosiery Trade J. **75** (1968) 894, S. 99–100.

Konfektionstechnik

Jurga, J.: Methode der mathematischen Bildung der Einlaufsnormen für Produktionsänderungen in der Bekleidungsindustrie. Textil, Praha **23** (1968) 5, S. 181–182.
Takacs, J.: Ziel und Methoden der maximalen Ausnutzung der Gewebe. II. Bekleid. u. Maschenware **7** (1968) 4, S. 183–185.

Textilverbundstoffe

Kemter, H.: Weiterentwicklung der Nähwirktechnik. Melliand Textilber. **49** (1968) 8, S. 921–926.
Belser, R. B., Kwon, C. T., Meaders, J. C.: Gerät zur Beurteilung der Boldrigkeit von Nähten. Textile Res. J. **38** (1968) 3, S. 315–318.
Das Vernähen von Vliesstoffen. Spinner, Weber, Textilveredlung **86** (1968) 7, S. 618–620.

Faserverbundstoffe. Vliesstoffe

Harvey, G. B.: Modernisierung der Verbundstoffe. Mod. Textiles Mag. **49** (1968) 4, S. 60–64.
Morozova, M. I.: Verfahren zur Bestimmung der Faserorientierung im Vlies nach kurzen Abschnitten. Tekstil. Prom., Moskva (Textil-Ind.) **28** (1968) 4, S. 54–56.
Sucharev, M. I., Fedoseeva, L. S.: Über die Verfahren zur Bestimmung der physikalisch-mechanischen Kennwerte von Klebvliesstoffen. Tekstil. Prom., Moskva (Tekstil-Ind.) **28** (1968) 5, S. 64.
Fat'janova, G. G., Malaškevič, T. N.: Herstellen von Vliesstoffen unter Verwendung einer Viskoselösung. Tekstil. Prom., Moskva (Textil-Ind.) **28** (1968) 5, S. 48–50.
Hearle, J. W. S., Sultan, M. A. I.: Eine Untersuchung von Nadelvliesstoffen. Teil VI: Die Messung der Durchstoßkraft während des Nadelns. J. Textile Inst. **59** (1968) 5, S. 237–242.
Hansmann, J.: Glasfaservliese. Textilveredlung, Weinfelden/Schweiz **3** (1968) 6, S. 297–306.

Schichtstoffe

Besprechung der Tuftingmaschinen-Konstruktion in Blackburn. Textile Month (1968) 5, S. 58–60.

V. Textilveredlung

„Maschinenwaschbare Wollartikel". Reiniger Rev./Chem. Reinigung/ Färberei **11** (1968) 7, S. 270.
Leube, H.: Färben und Ausrüsten von Acetat und Triacetat und deren Mischungen mit Natur- und Synthesefasern. Z. ges. Textilind. **70** (1968) 8, S. 565–569.

Farbstoffe. Textilhilfsmittel

Vološin, G. A., Boldyrev, B. G.: Synthese und einige Eigenschaften von mit Vinylmonomeren copolymerisierbaren Acryloylaminoanthrachinon-Farbstoffen. Z. anorg. Chimii (Z. organ. Chemie) **4** (1968) 7, S. 1277–1282.
Neue-Bayer-Farbstoffe und Hilfsmittel 1967. Bayer-Farben-Rev., Leverkusen (1968) 14, S. 96–103.
Jacobs, K.: Die Wirkungsweise von Hilfsmitteln beim Färben synthetischer Fasern. Chemiefasern **18** (1968) 8, 598–599.
Medvedeva, A. P.: Verfahren zur photometrischen Bestimmung von Stärke und Carboxymethylcellulose. Zavodsk. Labor., Moskva (Betriebslabor) **34** (1968) 4, S. 413–414.
Dardelet, S., Robert, A.: Die Stabilität wäßriger Chlordioxidlösungen. Atip. Rev. Assoc. techn. Ind. pap., Paris **22** (1968) 2, S. 123–128.

Bleicherei. Sonstige Vorbehandlungsarbeiten der Textilveredlung

Fiehn, G.: Die Redoxpotentialmessung in der Betriebskontrolle der modernen Bleicherei. Zellstoff u. Papier **17** (1968) 7, S. 211–216.
Grindea, M.: Neue Tendenzen in der Technologie der Baumwollbleiche. Ind. textilă, Bucureşti **19** (1968) 6, S. 352–355.
Wagner, I.: Betrachtungen über das Bleichen von Waren aus Mischungen von Polyesterfasern und Wolle. Ind. textilă, Bucureşti **19** (1968) 6, S. 356–359.

Günter, H.: Moderne Bleichverfahren für Trikotagen. Wirk.- u. Strick.-Technik 18 (1968) 17, S. 341–343, 344, 346, 348, 350.
Hommel, E., Steinhoff, V.: Semikontinuierliche Heißbleiche von Buntware auf kleinstem Raum. Melliand Textilber. 49 (1968) 8, S. 932–933.

Färberei

Aus der Geschichte der Färberei. VI. Bayer-Farben-Rev., Leverkusen (1968) 14, S. 52–58.
Keaton, J.: Die Erfahrung eines Färbers mit modernen Mischungen. Internat. Dyer, Textile Printer, Bleacher, Finisher 139 (1968) 11, S. 707–712.
Haberthür, H., Kaiser, R., Hügli, F.: Einfache Experimente zu den Stofftransportproblemen beim Färben. Textilveredlung, Weinfelden/Schweiz 3 (1968) 7, S. 350–352.
Osterloh, F.: Neue Möglichkeiten des Wollechtfärbens mit Reaktivfarbstoffen. Chemiefasern 18 (1968) 8, S. 588.
Fallaw, D. C.: Praktische Erfahrung beim Färben harzbehandelter Wolle. Textile J. Australia 43 (1968) 5, S. 25–27.
Robertson, W. R.: Färben von Cellulose-Gemischen mit Ditherm-Echtfarbstoffen unter Druck. Amer. Deystuff Rep. 47 (1968) 7, S. 46 (P224) bis 49 (P227).
Daruwalla, E. H.: Struktur und Substantivität von Farbstoffen für Cellulose- und Synthesefaserstoffe. Fibre e Colori, Milano 18 (1968) 1, S. 21–27.
Heid, C.: Neue Anwendungsmöglichkeiten von Hydrosol- und Hydrosol-licht-Farbstoffen beim kontinuierlichen und halbkontinuierlichen Färben celluloschaltiger Stückware. Chemiefasern 18 (1968) 8, S. 599–600.
Polypropylen: „Färbe es wie Wolle" sagt Montecatini. Textile Month (1968) 5, S. 98.
Kellett, H.: Das Färben von Acrylfaserstoffen. J. Soc. Dyers Colourists 84 (1968) 5, S. 257–261.

Druckerei

Jonusas, A.: Ein Überblick über automatische Filmdruckmaschinen. Amer. Dyestuff Rep. 57 (1968) 7, S. 27 (211) bis 32 (216).
Feess, E.: Neuentwicklungen im Reaktivdruck. Chemiefasern 18 (1968) 8, S. 589–590.
Sador, F. I., Kalinina, K. G., Buluscerava, N. E.: Das Bedrucken von Acetatgeweben mit unlöslichen Azofarbstoffen. Fibre e Colori, Milano 18 (1968) 1, S. 28–30.

Ausrüstung. Trocknung

Kausch, W.: Die Ausrüstung von Mischgeweben aus Trevira mit verschiedenen Cellulosefasern. Chemiefasern 18 (1968) 8, S. 566–570.
Vogel, F.: Kritische Einschätzung des Maschineneinsatzes und Bedienungsaufwandes für das Dämpfen und Fixieren von Obertrikotagen. II. Bekleid. u. Maschenware 7 (1968) 4, S. 151–154.
Vernetzungsmethode bei Feuchtigkeit. Panorama tessile, Milano 5 (1968) 29, S. 18–20.
Snežko, D. L., Virnik, A. D., Pesterera, G. D.: Rogorin, Z. A., Gewebe mit Antimikrobenausrüstung, die an die Sulfogruppen der modifizierten Cellulose gebundenes Myzerin enthalten. Izv. vysšich uč. Zav. Technol. tekstil. Prom. (Hochschulnachr. Technol. Textil-Ind.) (1968) 2, S. 104 bis 106.
Frontfixierte Konfektions-Kleidung. Reiniger Rev./Chem. Reinigung/Färberei 11 (1968) 7, S. 270.
Marsh, J. T.: Das Knitterarm-Verfahren. Textile Manuf. 94 (1968) 1121, S. 204–210.
Reich, F.: Synthappret LKF – ein neuartiges Mittel zur filzfreien Ausrüstung von Strickwaren aus Wolle. Wirk.- u. Strick.-Technik 18 (1968) 8, S. 395–397, 399–401.

Wäscherei. Chemische Reinigung

Aktuelle „Reinigerfragen" aus der Betriebspraxis. Reiniger Rev./Chem. Reinigung/Färberei 11 (1968) 7, S. 254.
Bekleidung und Hygiene. Bekleidungsmed. 8 (1968) 3, S. 9–13.
Dehner, H.: Tod aus der Waschtrommel. Reiniger Rev./Chem. Reinigung/ Färberei 11 (1968) 7, S. 278.

VI. Werkstoffprüfung. Meß- und Prüftechnik. Standardisierung

Eigenschaften und Fehler der Textilmaterialien u. a.

Bird, C. L.: Erfahrungen mit zwei Varianten des Ishihara-Tests für Farbblindheit. J. Soc. Dyers Colourists 84 (1968) 5, S. 264–266.
Bartenev, G. M., El'kin, A. I., Nikolaev, V. N. (Schreibw. i. Orig.: *Bartenew, G. M., Jelkin, A. I., Nikolajew, W. N.*): Reibungsverhalten von Gummi bei hohen Temperaturen im Vakuum. Plaste u. Kautschuk 15 (1968) 8, S. 568–571.
Suetin, Ju. I., Erofeeva, O. B., Nijazor, M. I.: Einige Probleme der Feuchtigkeitsabgabe von Rohbaumwolle. Izv. vysšich uč. Zav. Technol. tekstil. Prom. (Hochschulnachr. Technol. Textil-Ind.) (1968) 1, S. 24–29.
Abramova, E. I., Andreev, V. I., Krikunenko, R. I., Bogdanor, A. P., Voskresenskij, V. A.: Einige physikalische Eigenschaften plastifizierter Polyvinylchlorid-Folien in Abhängigkeit von der Länge der Kohlenstoffkette im Weichmacher. Vysokomol. Soed. (Hochmol. Verbind.) 10 A (1968) 6, S. 1414–1418.
Vecchio, G., Seres, A.: Verhalten von konzentrierten Lösungen von Methylcellulose während des Alterns. Ricerca Doc. tessile, Milano (Textilforsch. u. -dok.) (1967) 4, S. 160–163.
Schmadel, E.: Schaumstabilisierung und Schauminhibierung. Fette, Seifen, Anstrichmittel/Ernährungsind. 70 (1968) 7, S. 491–495.
Barella, A., Miro, P.: Chemische und mechanische Eigenschaften von KD-ausgerüsteten Wollgeweben. Invest. Inform. textil, Barcelona 11 (1968) 1, S. 1–10.
Polikarpov, I. S.: Einfluß des Triacetatfaserstoffs auf die Reiß- und Scheuerfestigkeit von Geweben. Izv. vysšich uč. Zav. Technol. tekstil. Prom. (Hochschulnachr. Technol. Textil-Ind.) (1968) 1, S. 7–10.
Williamson, P. M.: Eine Methode zur Bestimmung der Aktivierungsenergien des Mikrokriechens in Fäden aus Kraft-Dehnungs-Werten. Textile Res. J. 38 (1968) 3, S. 211–216.
Voevodina, N. P., Usenko, V. A.: Einfluß der Temperatur der Thermobehandlung auf die Struktur der Elastik-Seide. Tekstil. Prom., Moskva (Textil-Ind.) 28 (1968) 6, S. 30–31.
Karlikova, V.: Qualitätskontrolle in der ČSSR. Textilreinigung 15 (1968) 8, S. 237–239.

Meß und Prüftechnik

Pfefferkorn, G., Blaschke, R.: Neue Möglichkeiten der Oberflächenuntersuchung für die Lackforschung mittels der Raster-Elektronenmikroskopie. Fette, Seifen, Anstrichmittel/Ernährungsind. 70 (1968) 6, S. 413–417.
Wegener, W., Coll-Tortosa, L.: Nachweis struktureller Ungleichmäßigkeiten nichttexturierter und texturierter Endlosgarne mittels Schallgeschwindigkeitsmessungen am laufenden Faden. Wirk.- u. Strick.-Technik 18 (1968) 7, S. 363–370.
Cohen, I.: Teppiche: Gebrauchswertprüfung, Bestimmung und Kontrolle der Qualität der ausgelieferten Ware (II). Textile Inst. Ind. 6 (1968) 7, S. 181–183.
Mackay, B. H., Downes, J. G.: Der Aschegehalt einiger Wollen und pflanzlichen Kletten. J. Textile Inst. 59 (1968) 5, S. 213–217.
Belen'kij, L. I.: Über Meßverfahren zur Bestimmung des pH-Wertes und der Redoxpotentiale. Tekstil. Prom., Moskva (Textil-Ind.) 28 (1968) 4, S. 56–57.
Krause, S.: Statistische Auswertung der Prüfergebnisse von Waschgangkontrollen 1967. Wäschereitechn. u. -chemie 21 (1968) 8, S. 391–392.
Wegener, W., Hoth, G.: Die Änderung der Faserlängenverteilung durch das Kämmen. I. Melliand Textilber. 49 (1968) 8, S. 890–894.
Stutz, O. S.: Untersuchungen und Prüfungen der Helanca-Texturgarne. Panorama tessile, Milano 4 (1967) 28, S. 22–24.
Azzola, F. K.: Reinigung von Wollabdrücken bei der elektronenmikroskopischen Präparation. Naturwiss. 55 (1968) 7, S. 341.
Garcia-Dominguez, J. J.: Radioaktive Isotope in der Textilindustrie. Invest Inform. textil, Barcelona 11 (1968) 1, S. 29–48.
Meijboom, P. W.: Die Trennung und Identifizierung der 2,4-Dinitrophenylhydrazone ungesättigter Aldehyde und Methylketone mittels Dünnschicht-Chromatographie. Fette, Seifen, Anstrichmittel/Ernährungsind. 70 (1968) 7, S. 477–481.
Audivert, R.: Die negative binomische Verteilung und ihre Anwendungen auf Textilprozesse. Invest. Inform. textil, Barcelona 11 (1968) 1, S. 49–52.

VII. Betriebstechnik. Ökonomie. Tagungsberichte u. dgl.. Sonderfragen

Betriebstechnik

Masters, P.: Alles über den Computer – und seine Bedeutung in der Textilindustrie. Textile J. Australia 43 (1968) 5, S. 18, 20, 22, 47, 48, 51.
Haacke, D.: Qualitätssicherung mit Datenverarbeitung. ZwF. Z. wirtsch. Fertigung 63 (1968) 7, S. 369–376.
Hahn, E., Pfaff, W.: Probleme bei der Planung von Betriebsmitteln mit Hilfe der Datenverarbeitung. Fertigungstechnik u. Betrieb 18 (1968) 8, S. 458–461.
Marle, G.: Welche Anforderung stellt der Einsatz einer EDVA an die Leitungskräfte des Betriebes. Rechentechn. Datenverarb. 5 (1968) 7, S. 9–18.
Schmidt, G.: Wege zur Rationalisierung der Ingenieurtätigkeit bei der Lagerprojektierung und ihre Berücksichtigung in der Methode „M-VLL I" (1). Hebezeuge u. Fördermittel 8 (1968) 7, S. 195–198.
Günther, M.: Wirtschaftliche Beleuchtung in Büro- und Fertigungsbetrieben. VDI-Z. 110 (1968) 19, S. 785–792.
Hentschel, H.-J.: Beleuchtungsniveaus in betriebswirtschaftlicher Sicht. Lichttechnik 20 (1968) 7, S. 75A–80A.
Vitali, A.: Beleuchtung in der Textilindustrie. Panorama tessile, Milano 4 (1967) 28, S. 18–20.
Pötschke, H.: Kessel für die Textilindustrie. Spinner, Weber, Textilveredlung 86 (1968) 8, S. 693–695.
Antipow, L. A.: Der innerbetriebliche Transport in Textilbetrieben. Teil I. II. Mechaniz. Avtomatiz. proizvodstva (Mechanis. Automatis. Produktion) (1968) 3 (lag nicht vor) Ref.: Presse d. SU, Ausg. A, Berlin (1968) 85, S. 13–14; 86, S. 9–10.
Schmidt, G.: Entwicklungstendenzen auf den Gebieten der volkswirtschaftlichen Einordnung und der Technologie des Lagerwesens. Hebezeuge u. Fördermittel 8 (1968) 7, S. 199–203.

Ökonomie

Schneider, J., Löcker, R.: Die Normographie – ein rationelles Verfahren für technische Berechnungen in der Textilindustrie – I. Z. ges. Textilind. 70 (1968) 8, S. 531–536.
Kuželа, K.: Erkenntnisse aus der japanischen Textilindustrie. Textil, Praha 23 (1968) 5, S. 172–174.
Rosenkranz, G.: Wie ermitteln wir den optimalen Arbeitsplatz? Arbeit u. Arbeitsrecht 23 (1968) 13, S. 349–352.
Wicker, H.-G.: Marketing, notwendige Voraussetzung für Investitionsplanung und -durchführung. Chem. Ind., Düsseldorf 20 (1968) 7, S. 439–443.
Kriegel, S.: Über die Produktion von Traglufthallen. Techn. Textilien 11 (1968) 3, S. 71–72.
Überblick über die Anwendung von textilen Faserstoffen. Textile Organon 39 (1968) 1, S. 1–17.
Das System der fehlerfreien Arbeit sinnvoll in die volkswirtschaftlichen Aufgaben einordnen. Presse der SU, Ausg. A, Berlin (1968) 100, Beilage S. 1–16.
Semmann, J.: Zur Entwicklung der Chemiefaserindustrie auf dem Gebiet der DDR. Mitt.-Bl. chem. Ges. DDR 15 (1968) 7, S. 153–159.
Hyde, S. J.: Die Folgerungen für die Baumwollindustrie aus der Vereinigung mit dem gemeinsamen Markt. Textile Inst. Ind. 6 (1968) 8, S. 212–215.
Altenhenne, H.: Kybernetische Aspekte bei der materiellen Stimulierung. Arbeitsökonomik 12 (1968) 5, S. 439–455.

Sonderfragen

Schuster, S.: Wohin führt uns die Forschung? Rationalisierung, München 19 (1968) 6, S. 132, 141–144.
Schiefner, K.: Postgraduales Studium „Arbeitsgestaltung". Arbeit u. Arbeitsrecht 23 (1968) 13, S. 339–347.
Waterstradt, R.: Methodische Probleme bei der Ermittlung des Informationsbedarfs. Wirtschaft, Ausg. A 23 (1968) 30, S. 10.
Rehabilitation – Eine informative Übersicht und Darlegung von Aufgaben für die Leitungstätigkeit im wirtschaftlichen Bereich. Wirtschaft, Ausg. A 23 (1968) 32, Beilage S. 1–15.
Kessels, K.: Lehrlingsausbildung im mittleren und kleineren Unternehmen der Textilindustrie. Textil-Praxis 23 (1968) 8, S. 519–520.

Faserforschung und Textiltechnik

WISSENSCHAFTLICH-TECHNISCHE ZEITSCHRIFT
FÜR DIE CHEMIEFASER- UND TEXTILINDUSTRIE

BEGRÜNDET VON
ERICH CORRENS UND WALTER FRENZEL

HERAUSGEGEBEN VON E. CORRENS —
W. BOBETH — H. BÖHRINGER — H. KLARE —
B. PHILIPP — CH. RUSCHER

SCHRIFTLEITER J. BRÄMER UND I. RUSCHER

19. Jahrgang 1968

AKADEMIE-VERLAG BERLIN

Die Zeitschrift „Faserforschung und Textiltechnik" erscheint monatlich in Heften zu 48 Textseiten im Format A 4. Der Preis für das Einzelheft beträgt M 15,— (Sonderpreis für DDR M 9,—), für den Vierteljahrbezug M 45,— (Sonderpreis für DDR M 27,—), zuzügl. Bestellgeld. Die Berechnung erfolgt zu Beginn eines Vierteljahrs für 3 Hefte. Bestellungen aus dem Gebiet der Deutschen Demokratischen Republik an ein Postamt, eine Buchhandlung oder den Verlag, aus der Deutschen Bundesrepublik an eine Buchhandlung oder die Auslieferungsstelle Kunst und Wissen, Erich Bieber, 7 Stuttgart 1, Wilhelmstraße 4—6, aus dem Ausland an eine Importbuchhandlung, den Deutschen Buch-Export und -Import GmbH., 701 Leipzig, Postschließfach 276, oder den Akademie-Verlag GmbH., 108 Berlin, Leipziger Str. 3—4 (Fernruf: 220441; Telex-Nr. 0112020; Postscheckkonto 35021) erbeten. Bestellnummer dieses Bandes: 1014/19. Alleinige Anzeigenannahme DEWAG-WERBUNG, 102 Berlin, Rosenthaler Str. 28/31, und alle DEWAG-Betriebe in den Bezirksstädten der DDR. — Bestellungen in der UdSSR nehmen entgegen: Städtische Abteilungen von „SOJUZPECHATJ" bzw. Postämter und Postkontore.

Herausgeber und verantwortlich für den Inhalt: Prof. Dr. Erich Correns, Institut für Faserstoff-Forschung der Deutschen Akademie der Wissenschaften zu Berlin, 153 Teltow-Seehof, Fernruf: Teltow 4831; Prof. Dr.-Ing. habil. Wolfgang Bobeth, Institut für Technologie der Fasern der Deutschen Akademie der Wissenschaften zu Berlin, 801 Dresden, Hohe Str. 6, Fernruf: 44721; Prof. Dr.-Ing. Hans Böhringer, Institut für Textiltechnologie der Chemiefasern Rudolstadt, Fernruf: Rudolstadt 2031; Prof. Dr. Hermann Klare, Prof. Dr. habil. Burkart Philipp und Dr. Christian Ruscher, Institut für Faserstoff-Forschung der Deutschen Akademie der Wissenschaften zu Berlin, 153 Teltow-Seehof, Fernruf: Teltow 4831. Schriftleiter: Joachim Brämer und Dipl.-Chem. Ingeborg Ruscher, 153 Teltow-Seehof, Kantstr. 55. Verlag: Akademie-Verlag GmbH., 108 Berlin, Leipziger Str. 3—4. Satz und Druck: Druckhaus „Maxim Gorki", 74 Altenburg. — Veröffentlicht unter der Lizenznummer 1280 des Presseamtes beim Vorsitzenden des Ministerrates der Deutschen Demokratischen Republik.

Inhaltsverzeichnis Jahrgang 19

Verfasserverzeichnis

(KM) = Kurze Mitteilung

Sachverzeichnis

Faserforschung und Textiltechnik

WISSENSCHAFTLICH-TECHNISCHE ZEITSCHRIFT
FÜR DIE CHEMIEFASER- UND TEXTILINDUSTRIE

BEGRÜNDET VON
ERICH CORRENS UND WALTER FRENZEL

HERAUSGEGEBEN VON E. CORRENS —
W. BOBETH — H. BÖHRINGER — H. KLARE —
B. PHILIPP — CH. RUSCHER

SCHRIFTLEITER J. BRÄMER UND I. RUSCHER

19. Jahrgang 1968

AKADEMIE-VERLAG BERLIN

Die Zeitschrift „Faserforschung und Textiltechnik“ erscheint monatlich in Heften zu 48 Textseiten im Format A 4. Der Preis für das Einzelheft beträgt M 15,– (Sonderpreis für DDR M 9,–), für den Vierteljahrbezug M 45,– (Sonderpreis für DDR M 27,–), zuzügl. Bestellgeld. Die Berechnung erfolgt zu Beginn eines Vierteljahrs für 3 Hefte. Bestellungen aus dem Gebiet der Deutschen Demokratischen Republik an ein Postamt, eine Buchhandlung oder den Verlag, aus der Deutschen Bundesrepublik an eine Buchhandlung oder die Auslieferungsstelle Kunst und Wissen, Erich Bieber, 7 Stuttgart 1, Wilhelmstraße 4–6, aus dem Ausland an eine Importbuchhandlung, den Deutschen Buch-Export und -Import GmbH., 701 Leipzig, Postschließfach 276, oder den Akademie-Verlag GmbH., 108 Berlin, Leipziger Str. 3–4 (Fernruf: 220441; Telex-Nr. 0112020; Postscheckkonto 35021) erbeten. Bestellnummer dieses Bandes: 1014/19. Alleinige Anzeigenannahme DEWAG-WERBUNG, 102 Berlin, Rosenthaler Str. 28/31, und alle DEWAG-Betriebe in den Bezirksstädten der DDR. – Bestellungen in der UdSSR nehmen entgegen: Städtische Abteilungen von „SOJUZPECHATJ“ bzw. Postämter und Postkontore.

Herausgeber und verantwortlich für den Inhalt: Prof. Dr. Erich Correns, Institut für Faserstoff-Forschung der Deutschen Akademie der Wissenschaften zu Berlin, 153 Teltow-Seehof, Fernruf: Teltow 4831; Prof. Dr.-Ing. habil. Wolfgang Bobeth, Institut für Technologie der Fasern der Deutschen Akademie der Wissenschaften zu Berlin, 801 Dresden, Hohe Str. 6, Fernruf: 44721; Prof. Dr.-Ing. Hans Böhringer, Institut für Textiltechnologie der Chemiefasern Rudolstadt, Fernruf: Rudolstadt 2031; Prof. Dr. Hermann Klare, Prof. Dr. habil. Burkart Philipp und Dr. Christian Ruscher, Institut für Faserstoff-Forschung der Deutschen Akademie der Wissenschaften zu Berlin, 153 Teltow-Seehof, Fernruf: Teltow 4831. Schriftleiter: Joachim Brämer und Dipl.-Chem. Ingeborg Ruscher, 153 Teltow-Seehof, Kantstr. 55. Verlag: Akademie-Verlag GmbH., 108 Berlin, Leipziger Str. 3–4. Satz und Druck: Druckhaus „Maxim Gorki“, 74 Altenburg. – Veröffentlicht unter der Lizenznummer 1280 des Presseamtes beim Vorsitzenden des Ministerrates der Deutschen Demokratischen Republik.

Inhaltsverzeichnis Jahrgang 19

Heft 1:	Seiten 1 bis 48	Heft 5:	Seiten 197 bis 248	Heft 9:	Seiten 393 bis 440
„ 2:	„ 49 „ 96	„ 6:	„ 249 „ 296	„ 10:	„ 441 „ 488
„ 3:	„ 97 „ 144	„ 7:	„ 297 „ 344	„ 11:	„ 489 „ 544
„ 4:	„ 145 „ 196	„ 8:	„ 345 „ 392	„ 12:	„ 545 „ 602

Verfasserverzeichnis

(KM) = Kurze Mitteilung

Sachverzeichnis

MIX
Papier | Fördert gute Waldnutzung
FSC® C083411

Zeitfracht Medien GmbH
Ferdinand-Jühlke-Straße 7
99095 Erfurt, Deutschland
produktsicherheit@kolibri360.de